ASSOCIATION GÉNÉRALE DES ANCIENS ÉLÈVES

DES

ÉCOLES DE MAISTRANCE

Descente dans une Mine de Charbon

En BELGIQUE

PAR A. QUENTIN

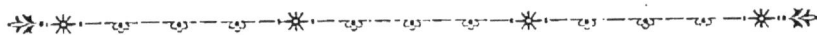

Notes pratiques sur les Générateurs Mécaniques d'Électricité

PAR FERDINAND BOSSY

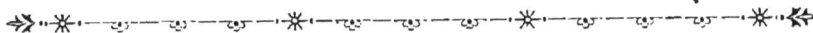

FABRICATION DE RACCORDS DIVERS

à l'Usine de MM. Mignon, Rouart et Delinières

A MONTLUÇON (Allier)

L'ALUMINIUM ET SON AVENIR

PAR AUGUSTE LE CHATON

NANTES

IMPRIMERIE DU COMMERCE — G. SCHWOB & FILS

4 & 6, RUE SCRIBE, 4 & 6

1891

DESCENTE DANS UNE MINE DE CHARBON

EN BELGIQUE

Visite dans une Mine de charbon.

J'avais toujours vivement désiré pénétrer à l'intérieur d'une mine de charbon et me rendre compte de la façon dont on en extrait le combustible. Il ne manque fort heureusement pas de centres charbonneux en France, mais ils sont généralement assez éloignés des arsenaux militaires, de sorte qu'il faut se livrer à un véritable voyage pour se procurer cette satisfaction.

Comme il m'a été donné de pouvoir (en compagnie d'un camarade ancien élève) visiter la houillière " Marie " de la Société John Cockerill, à Seraing, près de Liège (Belgique), je vais essayer de retracer les impressions ressenties au cours de cette visite; cela peut être intéressant pour quelques-uns de nos camarades.

Une houillère en exploitation depuis plusieurs années étant formée d'un réseau inextricable de galeries situées à diverses profondeurs du sol, toute personne inexpérimentée se trouverait dans un véritable labyrinthe si, une fois descendue dans la mine, elle était livrée à elle-même. Aussi lorsqu'une personne est autorisée à visiter une mine, elle est confiée à un employé, chef de travaux ou d'exploitation, de la mine, qui en devient responsable dans les limites du possible, bien entendu, car un accident : explosion de grisou ou éboulement, peut toujours se produire et l'on court toujours ces risques.

La Toilette.

Dans toute exploitation de mines, des locaux sont aménagés pour la toilette d'entrée et de sortie de la mine, des visiteurs officiels et autres. Les Gouvernements font, dans tous les pays, inspecter inopinément toutes les mines, deux ou trois fois l'an en prévenant seulement la veille de la visite, afin de s'assurer que les règlements sont rigoureusement observés.

Dans ces locaux se trouvent des complets consistant chacun en : un pantalon et une vareuse en toile bleue, une chemise de couleur, une cravate de même, un serre-tête (espèce de bonnet de coton), un chapeau de cuir, une paire de bons bas de laine et une paire de grosses et fortes chaussures.

On peut remarquer là des chaussures et des chapeaux de toutes dimensions. Le chapeau mérite une mention spéciale : le fond affecte la forme d'une demi-sphère avec un assez large bord horizontal. Quelques-uns de ces chapeaux sont d'une seule pièce, emboutis comme un article de métal : les autres ont le bord et le fond cousus avec de la ficelle. Le cuir a environ cinq millimètres d'épaisseur. Ils sont peints en noir.

Ce chapeau est destiné à amortir les chocs qu'on peut recevoir sur la tête, soit quand on donne de la tête contre un obstacle, soit quand un bloc se détache de la voûte.

Avant de se vêtir du déguisement, on est vivement conseillé de ne rien conserver de ses vêtements intimes si on ne veut les voir hors de service au retour.

Pareille recommandation est faite aux dames visiteuses (il y en a de temps à autre) qui ne peuvent descendre qu'habillées en hommes avec les vêtements désignés ci-dessus.

A part le serre-tête, c'est exactement le costume des mineurs. Jusqu'en 1860, les femmes mineurs descendaient aussi dans la mine pour y travailler (elles descendent encore dans quelques mines en Belgique) : elles étaient costumées absolument comme les hommes. Cela ne se fait plus à cause des immoralités qui s'y commettaient.

A leur descente dans la mine, les mineurs sont toujours d'une propreté remarquable : il n'y a pas d'exception.

Moment d'attente.

Ainsi vêtus, nous avons attendu près du puits de descente que notre conducteur (le chef d'exploitation de la mine) ait aussi pris son costume.

Pendant notre attente, nous apprenons que la mine que nous nous proposons de visiter a la réputation d'être la plus grisouteuse de la région ! En 1860 eut lieu un accident qui coûta la vie à une soixantaine de personnes. Pour ne pas trop nous appesantir sur ce funèbre renseignement, nous regardons monter et descendre les câbles en fil d'acier auxquels sont suspendues les cages élevant le charbon et servant d'ascenseurs pour les hommes.

Ces câbles s'enroulent sur un tambour d'un très grand diamètre, formé de deux troncs de cône accolés pour accélérer la vitesse au milieu de la course, placé sur la machine et actionné par elle ; ils font retour au-dessus du puits et à chacun des deux bouts est suspendue une cage. Lorsqu'un des bouts de la courroie s'enroule, elle se déroule de l'autre bout.

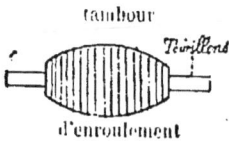

Le mouvement des courroies ne s'arrête que lorsque les deux cages sont arrivées à destination, c'est-à-dire, celle supérieure, à niveau du terre-plein à hauteur du sol, et l'autre au fond à niveau du sol de la galerie où est amené le charbon.

Temps d'arrêt pendant lequel on pousse le wagonnet plein de charbon hors de la cage du haut et y replacer un wagonnet vide et que l'opération inverse se produit au fond. Cela dure environ deux minutes.

Un coup de sonnette avertit le mécanicien que tout est prêt et on voit alors disparaître la cage dans les profondeurs du puits et la courroie descendre... descendre toujours avec une vitesse même initiale qui paraît considérable (elle est à peu près de 10 mètres à la seconde au milieu de la course lorsque les wagonnets seulement se trouvent dans les cages).

La Lampe.

Aussitôt qu'apparaît notre aimable guide, nous nous rendons à sa suite dans un local assez vaste où on garnit et remet en état les lampes des mineurs. Ce travail est fait par des jeunes filles qui présentent une lampe allumée à chacun de nous pendant qu'un gardien marque le nombre de lampes distribuées. On sait que c'est le contrôle permettant de connaître exactement le nombre de personnes se trouvant dans une mine au moment d'un accident.

J'ai alors bien remarqué ma lampe qui se composait d'une embase ronde à fond plat en cuivre jaune. La partie supérieure, de même métal, se termine par une petite calotte demi-sphérique. Une anse avec un crochet de suspension sert à l'accrocher. Le milieu est occupé cylindriquement par une toile métallique en cuivre, à mailles excessivement fines, remplaçant le verre (¹).

La flamme est toute petite, elle a environ 6 $^{m/m}$ de diamètre et 10 $^{m/m}$ de hauteur. Ces lampes sont alimentées avec de l'huile de colza très pure.

Il est strictement interdit de toucher à la lampe dans la mine pour monter ou descendre la mèche.

On nous explique que lorsque le grisou se dégage d'une manière abondante on peut très aisément s'en apercevoir en observant sa lampe où se peut voir à l'intérieur et au dessus de la flamme, une auréole d'un bleu violet très apparent. Si le grisou est en trop grande quantité la lampe s'éteint d'elle-même... le séjour dans la mine devient alors très dangereux !! Dans cette circonstance on sent que la lampe Davy est insuffisante bien qu'ayant accompli un progrès considérable sur le mode d'éclairage employé auparavant.

(1) Ces lampes sont du système Davy, elles sont employées dans presque toutes les mines. Cependant en Angleterre, dans le pays de Galles, on se sert encore aujourd'hui de chandelles nues malgré les accidents fréquents.

Les statistiques officielles prouvent en effet que les $^2/_3$ des explosions sont dues au contact du grisou avec la flamme des lampes. Malgré tous les réglements (surtout quand le grisou paraît peu abondant) on a bien de la peine à empêcher le mineur d'ouvrir sa lampe à un moment donné, soit pour obtenir un éclairage moins terne pendant le travail ou pour une autre cause. Il est également impossible d'arriver à éviter que la flamme soit projetée à l'extérieur du tamis protecteur sous l'action du courant d'air.

Un autre système d'éclairage s'impose pour obvier à ce grave inconvénient et assurer plus de sécurité.

L'éclairage électrique remplacera probablement avant long-temps la lampe Davy. Un modèle de lampe électrique a été, il y a peu de temps, présenté à l'Académie des sciences et elle a été mise à l'essai en Angleterre et aussi dans une de nos concessions du département du Nord.

Elle a donné de bons résultats. Cette lampe pèse 1600 grammes et brûle pendant 12 heures avec une fixité et une régularité remarquables ; un commutateur permet de l'allumer et de l'éteindre à volonté.

La lampe allumée cassée dans le gaz d'éclairage, beaucoup plus explosif que le grisou, n'a produit aucune explosion. Il est bon de dire que cette lampe est portative, car il est impossible de supprimer l'éclairage individuel.

Le problème paraît donc heureusement résolu et toutes les directions des mines de charbon ne tarderont probablement pas à en munir tous leurs mineurs.

Revenons à notre lampe Davy pour dire qu'elle pèse 1500 grammes au maximum et qu'elle brûle pendant 12 heures : les mineurs la descendent avec eux le matin et ne la remontent que le soir.

Emotion préparatoire.

Tous munis d'une lampe, nous nous dirigeons vers le puits d'extraction de la houille qui sert aussi de montée et de descente. Nous nous plaisantons mutuellement de notre air conquérant sous ce costume qui nous faisait ressembler à des convalescents à cause du serre-tête qui emprisonne jusqu'aux oreilles!... Nous attendions que la cage se présente à hauteur du niveau du sol et nous voyons encore cette courroie d'une longueur désespérante qui montait promptement pendant un temps assez long sans que la cage apparaisse. Il me semblait qu'une pierre en tombant ne serait pas allée beaucoup plus vite que la cage descendante.

Nous prions, pendant ce temps, le chef de l'exploitation det ne pas nous faire descendre trop vite, en lui rappelant que c'es la première fois que nous descendons ainsi...

J'essayais d'établir en moi une comparaison entre la vitesse des ascenceurs habituels, qui n'est que de 1 mètre à la seconde et celle des cages. J'avais le frisson de songer que nous allions nous lancer avec une pareille vitesse dans cet inconnu qui, pour le moment, se présentait sous la forme d'un grand trou bien profond et bien noir!!

La descente

Nous voici introduits dans une des cages. Elle consiste en une bande de tôle en fer de 1m50 environ de largeur, affectant dans un plan perpendiculaire aux deux axes des cages, la forme d'une voûte arrondie à la partie supérieure : les côtés et le fond sont plats. Les façades sont ouvertes pour laisser passer les hommes et les wagonnets ; une tringle ronde à chacune des façades en constitue toute la fermeture. On met cette barre soit à la hauteur de ceinture, soit suspendue à un crochet à la partie supérieure de la cage. « Ne laissez rien passer en dehors de la cage, nous dit le chef, tenez-vous au crochet de suspension de la tringle à la partie haute. »

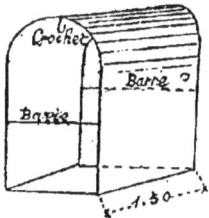

· On donne l'ordre de mettre en route... le cœur me battait fort !. La cage monte d'abord un peu pour le déclanchement puis le mouvement de descente se produit.

Il m'a semblé, bien qu'on aille relativement avec douceur, que la cage me manquait sous les pieds ; je n'ai cependant pas tardé à reprendre mon sang-froid.

Il faisait une obscurité complète et c'est à peine si nous nous voyions à la lueur blafarde de nos pauvres petites lampes.

La cage descendait entre ses rainures et on voyait défiler les parois du puits d'extraction quand tout à coup une impression bizarre, sans être douloureuse s'est produite en moi : j'avais les oreilles comme bouchées, cela a duré une dizaine de secondes environ...

Nous descendons toujours. Au bout d'un moment, les oreilles me bourdonnent de nouveau, mais moins longtemps que la première fois. Au bout d'un certain temps, il eut été impossible de dire si on montait ou si on descendait.

Enfin nous stoppons. « Nous sommes à 320 mètres », nous dit notre conducteur.

Nous nous trouvions à hauteur d'une galerie assez élevée (2 mètres environ) affectant la forme d'une ellipse avec sol plat. Nous ouvrons trois portes voisines fermant complètement la galerie et constituant 2 sas destinés à maintenir la direction des courants de ventilation de la mine.

La Mine

La disposition intérieure d'une mine varie évidemment avec l'étendue, la richesse et la direction des couches de charbon à exploiter. Celle que nous visitons est peu riche en houille, les couches ont peu d'épaisseur et il y a véritablement du mérite à en tirer un aussi bon parti.

Dans une mine *en travail*, les questions *exploitation* et *ventilation* se lient très étroitement ; il faut pour que l'homme en puisse vivre, en extraire tous les gaz nuisibles et dangereux. Les eaux d'infiltration sont aussi un ennemi qu'il faut sans cesse combattre dans la plupart des mines.

La ventilation est assurée au moyen de deux puits donnant aux deux extrémités de la mine : l'un le puits d'extraction, ou *la bure*, sert non seulement au mouvement des cages, ascenseurs pour hommes et wagonnets de charbon, mais aussi à la descente de l'air frais ; l'autre sert à l'appel et à l'évacuation de l'air vicié.

Ce dernier aboutit à une turbine aspirante comprise dans un bâtiment crénelé sur tout son pourtour de manière à ne pas accumuler les gaz dangereux sur un même point.

L'air pur est amené dans toutes les parties en exploitation, même les plus profondes, à raison de 60 litres par mineur et par seconde. Des machines puissantes sont employées uniquement au refoulement et à l'aspiration de cet air.

Les courants sont établis et réglés au moyen de portes très légères avec cadre en bois et forte toile. Ces portes bouchent complètement les galeries. Les veines ou *tailles* de charbon à exploiter s'étendent généralement sur une certaine surface, mais on ne l'attaque pas sur toute la largeur à la fois. On suit une traînée, ou galerie qu'on boise et bouche ensuite avec des pierres sèches ou de la maçonnerie afin d'éviter les éboulements que pourraient occasionner les foulées du sol.

On est souvent conduit à creuser des galeries de roulage des wagonnets dans une partie où l'on ne rencontre nullement de charbon.

Les voies de communication se divisent en grandes artères ou artères secondaires et en petites artères. Les grandes artères aboutissent toutes au puits d'extraction ; on y marche aisément sans se courber.

Les galeries secondaires sont un peu plus réduites en dimensions et sont moins bien entretenues; ces galeries servent, s'il y a lieu, au roulage des wagonnets de charbon. Elles constituent des galeries de sauvetage en cas d'un accident ou d'un éboulement sur un point quelconque d'une des grandes artères.

Les petites artères sont généralement les galeries où se fait l'exploitation : on ne peut, quand la veine est peu riche, y

atteindre qu'en rampant difficilement. On extrait à une dizaine
d'endroits dans la mine en visite.

Les tailles sont rarement horizontales : lorsqu'elles sont
moins inclinées que 45° par rapport à l'horizon, on les nomme
des *plateurs* ; lorsqu'elles le sont davantage, elles prennent le
nom de *dressants*. Les plateurs s'exploitent en galeries inclinées
suivant la veine ; les dressants s'exploitent en gradins.

Visite à l'intérieur de la Mine.

La grande galerie dans laquelle nous nous trouvons en
sortant de la cage du puits est une galerie de ventilation et
non d'exploitation : « C'est pourquoi, nous dit-on, on a établi
les sas pour éviter de contrarier les courants et amener des
troubles dans le fonctionnement des machines à air. »

On nous fait remarquer que les parois de la galerie (qui peut
avoir 2 mètres de clair en hauteur sur 1m30 à 1m50 de largeur),
sont maintenues par des vieux rails d'acier de fort échantillon
formés en ellipse tous sur le même gabarit.

Ces rails sont espacés l'un de l'autre de 0m80 environ, l'inter-
valle est garni avec des morceaux de bois de la grosseur à peu
près des palissades entourant la plupart des lignes de nos
chemins de fer. Ces lames de bois ont pour but de maintenir
les pierres et le terrain.

Beaucoup de ces rails d'acier sont cassés en plusieurs
endroits : nous éprouvons, malgré nous, une certaine émotion
en constatant combien ces énormes rails paraissent faibles pour
supporter une pareille pression ! chaque frette a, paraît-il, ses
cassures connues et repérées, et on consolide si l'affaissement
semble devenir inquiétant.

La galerie que nous parcourons a 400 mètres de longueur !

Nous prenons une artère secondaire y
aboutissant. Là on n'a plus entretoisé
avec des rails, ce sont simplement des
pièces de bois formant un rectangle avec
2 pièces debout contre les parois et une
pièce horizontale sous la voûte. Plusieurs
de ces pièces sont déformées, brisées ; on
bute souvent avec la tête, bien que nous
marchions courbés, mais le chapeau de
cuir amortit tellement les coups qu'on y
veille à peine.

Nous rencontrons dans cette galerie une porte isolée pour
la ventilation ; les courants sont tellement forts qu'on a de la
peine à l'entrebâiller pour nous livrer passage.

Nous voyons alors des lumières de lampes dans le lointain se
signalant sous la forme d'une pointe de feu.

Nous arrivons dans une galerie de roulage : de temps à autre nous pouvons voir une lampe s'approcher, ce sont les chefs porions qui viennent en reconnaissance vers nous.

Notre cicerone nous indique une ouverture dans les parois de la galerie que nous visitons : cette ouverture à environ 0m80 de largeur sur 0m70 de hauteur.

« Nous allons voir comment se fait l'extration de la houille, nous dit notre guide, seulement veillez bien à votre lampe.... si vous la penchiez, elle s'éteindrait et un mineur sans lampe est un homme absolument désarmé : quand on a de bonnes dents on l'y suspend par le crochet ; lorsqu'elles sont mauvaises, on la pend au mouchoir du cou... maintenant, suivez-moi et attention !... »

Nous nous mettons à ramper à sa suite en marchant péniblement avec les mains et les genoux sur les pointes des pierres et du charbon, butant de la tête à chaque instant ! La galerie était fortement en pente. A un détour nous finissons par apercevoir des lampes et un peu de vie. Après avoir parcouru environ une cinquantaine de mètres en s'aidant des coudes et des genoux, soit en roulant à plat-ventre ou sur le côté (avec toutes les inquiétudes du monde pour conserver verticale notre malheureuse lampe, quand il y avait à peine la hauteur de cette lampe et de la tête), nous avons pu voir les mineurs à l'œuvre.

Nous voyons d'abord un homme vêtu seulement d'un pantalon et absolument nu par ailleurs, couché sur le dos dans le charbon qu'il abattait de la voûte. L'endroit qu'il exploitait avait à peine 60 centimètres de hauteur et il y faisait une chaleur étouffante, de sorte qu'on pouvait voir la sueur lui rouler sur le corps. Il était armé d'un pic assez pointu avec une seule pointe, laquelle peut avoir 25 centimètres de longueur. De l'autre côté de l'œil du manche existe une tête formant marteau pour diviser les morceaux trop gros. Le manche de son outil a environ 80 centimètres de longueur.

Ce mineur est le mieux rétribué de tous ses compagnons de labeur, on le nomme le piqueur-abatteur. Tout prêt de lui était un mineur chargeur avec une petite benne en tôles minces à fond plat à section rectangulaire : les bouts sont légèrement relevés en dessous pour faciliter le glissement. Une corde est attachée à un des bouts et deux hommes sont à une certaine distance, en haut, pour attirer à eux cette benne une fois remplie ; on les nomme les traineurs.

On nous fait remarquer que la houille est comprise, sous terre, entre deux couches de pierre schitreuse ayant absolument l'aspect du charbon, mais le poids, à volume égal, est beaucoup plus grand que celui du charbon. Les mineurs ne s'y trompent pas.

L'extraction se fait pendant le jour seulement ; la mine appartient aux boiseurs la nuit. Ils étançonnent les parties extraites pendant la journée pour permettre de continuer l'extraction en leur absence pendant la journée du lendemain sans crainte d'éboulement.

Le piqueur gagnait au moment de la visite 5 francs par jour ; les autres mineurs n'ont que 2 fr., 2 fr. 25, 2 fr. 50 et 2 fr. 75 ; la moyenne générale était de 3 fr. 50 ! Quels ridicules appointements pour un travail aussi pénible ! De plus, quand on trouve des pierres mélangées au charbon, on met à l'amende l'équipe coupable, et l'on s'étonne de voir ces malheureux se révolter quelquefois !

Les Mineurs. — Nous avions donc sous les yeux le type de ces malheureux destinés à périr à cause d'un éboulement ou d'un coup de grisou, dont ils sont constamment menacés. Nous les voyions renfermés dans leur galerie ayant pour toute réserve de vivres leur déjeuner qu'ils avaient près d'eux, enfermé dans un petit sac de coutil ! et rien pour apaiser la soif. Tous les récits que j'avais lus de malheureux mineurs enfermés ainsi à 3 ou 400 mètres sous terre, endurant toutes les souffrances, me revenaient à l'esprit et je plaignais les malheureux que nous avions devant nous.

Il est vrai de dire qu'ils sont habitués au danger couru, et que, pour eux, la descente dans la mine est une chose peut-être aussi naturelle que tout autre travail pour nous? Cependant, il est un fait à remarquer, paraît-il. c'est que les mineurs ne sont pas des ouvriers comme les autres ; quand la paie a eu lieu, un certain nombre d'entre eux ne redescend pas volontiers dans la mine. Il faut pour l'y ramener, que le besoin d'argent se fasse sentir à la maison.

Il n'est pas douteux qu'il survient beaucoup plus d'accidents là que partout ailleurs (1) Quel doit être le cours de leurs pensées quand ils apprennent par les journaux, et cela arrive malheureusement assez souvent, que plusieurs dizaines de leurs semblables sont tombés dans un coup de grisou ou autre accident? Quel doit être le courage de ceux qui redescendent les premiers après une catastrophe semsable à celle qui a eu lieu au puits même que nous visitons ?

Beaucoup d'ouvriers que j'ai vus dans la mine m'ont paru anémiques, maladifs ; je l'ai aussi remarqué sur quelques mineurs vus en dehors de la mine.

Richesse des veines de la mine

Notre guide nous apprend que les veines de charbon de la mine que nous visitons ont une épaisseur variant entre 40 et 80 centimètres. Celles des mines de Charleroi (Belgique) et des alentours sont beaucoup plus riches. Quelques-unes de nos mines du Nord sont presque leurs égales en importance, celles

(1) Voir la Note pages 19, 20, 21 et 22.

du Midi de la France ne le sont pas autant et elles ne fournissent, du reste, qu'une houille très-grasse qu'on ne peut utiliser avantageusement que dans certaines industries.

L'Angleterre est, on le sait, extrêmement favorisée sous le double rapport du nombre et de la richesse de ses mines de charbon. C'est ainsi que beaucoup ont des veines de 1m50 à 1m80 d'épaisseur qui peuvent être exploitées sans se courber.

C'est de là que s'extraient ces énormes blocs cubiques qu'on peut remarquer dans presque toutes leurs *exhibitions*..

Une mine de l'importance de celle que nous visitons serait absolument délaissée par les Anglais.

Beaucoup des mines de charbon de l'Allemagne sont, également, d'une exploitation facile.

Suite de la visite

Le cul-de-sac d'où nous observions les mineurs était à une grande distance du puits d'arrivée d'air frais et aussi du puits d'appel d'air vicié. Il y faisait une chaleur presque insupportable ainsi qu'il est dit plus haut.

L'air qu'on y respirait avait une odeur particulière de moisi. Elle est, là, beaucoup plus accentuée que dans les galeries de roulage. Nous prenions cette odeur pour du grisou en dégagement et il m'est arrivé plusieurs fois de consulter ma lampe pour voir si l'auréole bleue ne s'y trouvait pas... je n'en ai vu aucune trace.

Nous quittons notre poste d'observation pour continuer notre visite. Nous nous retrouvons bientôt dans une galerie de roulage. A un moment donné notre guide nous montre une lampe avec verre rouge : « Cette lampe indique un obstacle, nous dit-il, c'est un puits vertical donnant accès à une galerie située au-dessous. »

Nous voyons en effet un trou rond de 1m50 environ de diamètre dans lequel se trouvait une échelle métallique verticale ; nous effectuons la descente.

Les nouvelles galeries que nous parcourons sont toutes inclinées en gagnant en profondeur ; toutes sont étançonnées avec charpentes en bois. Dans toutes, on remarque les mêmes déformations produites par le tassement du sol. Nous commençons nous-mêmes à les regarder d'un œil moins effaré. Dans certaines de ces galeries, les courants sont tellement violents et froids et forment une transition si brusque avec l'air étouffé et chaud des culs-de-sacs d'extraction, que la transpiration en est tout à coup arrêtée. Je suspendais alors ma lampe au mouchoir du cou afin de m'appliquer les deux mains (que j'avais brûlantes) sur ma poitrine ! Fort heureusement que le passage dans une autre galerie produisait une réaction bienfaisante.

Une nouvelle lampe rouge brille devant nous. « Nous avons

un saut à faire », dit notre chef de file. C'était une hauteur de 1m50 à descendre en se tenant à une traverse en bois. Nous nous trouvons alors dans une nouvelle galerie de roulage en activité.

Depuis quelque temps, nous remarquions de nombreux égouts qui nous tombaient sur le dos. Notre conducteur nous dit alors : « Nous sommes sous la rivière (la Meuse) et à une profondeur de 450 mètres, les terrains sont perméables en cet endroit. »

Une petite rigole, d'un côté de la galerie, laisse circuler les eaux de ces égouts qui font un bruit gai et assez étrange en cet endroit.

Les eaux sont peu abondantes dans cette mine.

On comprend aisément que ces eaux d'infiltration rendent l'exploitation d'une mine assez difficile et très dispendieuse lorsqu'elles sont abondantes. C'est un énorme travail que d'élever à la surface du sol toutes les eaux qui ne tarderaient pas à devenir dangereuses et empêcheraient tout au moins la moindre extraction de houille. On les monte d'étage en étage en établissant une série de réservoirs intermédiaires. Des machines sont exclusivement employées à cette aspiration. Les eaux sont très peu abondantes dans la mine en visite.

Nous apprenons que nous touchons au terme de notre excursion. On nous fait remarquer qu'à chaque aiguillage de la ligne de rails se trouve une lampe rouge semblable à celles des puits verticaux et des obstacles en général. Comment, en effet, pourrait-on savoir autrement où se trouvent ces aiguillages ? Dans ces galeries formant un long boyau très noir, les lampes sont absolument insuffisantes pour éclairer le moindre espace.

A un moment, un bruit sourd et étrange se fait entendre... nous voyons bientôt un fort cheval attelé à un chapelet de wagonnets vides (il y en avait près d'une vingtaine). La galerie ne permettant qu'un espace très restreint entre le bord des wagons et les parois, il était nécessaire de se coller le dos tout en se félicitant de n'avoir pas un gros abdomen sous peine de le voir raboter brutalement. J'ai eu là un sérieux moment d'émotion.

Le dos du cheval touchait presque le dessous des traverses en bois du plafond de la galerie : cette pauvre bête a dû se heurter souvent la tête.

Les chevaux du fond (1)

Ils sont au nombre de 7 dans cette mine, ils y restent constamment. On ne les remonte au jour que lorsqu'ils sont

---

(1) Si le roulement des bennes de charbon est fait, en bas, par des chevaux, il est curieux de constater qu'il est fait sur le sol presque

sérieusement malades. Il est surprenant de voir combien les chevaux sont dociles dans la mine ; il y a, il est vrai, peu d'espace pour se livrer à de grands écarts !

Quand on remonte ou descend les chevaux dans la cage, ils ressentent une impression plus forte que nous encore : ils ont, paraît-il, de la peine à se tenir debout tellement ils sont tremblants.

Les quelques chevaux qu'il nous a été donné de voir dans l'intérieur, sont en très bon état ; la raison en est, peut-être, que leur travail de traction des wagonnets les ramène souvent au puits d'extraction qui distribue l'air pur comme il est dit plus haut.

Les écuries

Peu après nous arrivions tout près du puits d'extraction ; la galerie est alors très vaste et blanchie à la chaux, la largeur est aussi plus grande que dans tout autre galerie.

Les écuries des chevaux sont taillés dans le roc, elles sont entourées de planches à jour et ont une surface assez grande. L'intérieur de ces boxes est celui de toutes les écuries de terre.

Une seule chose à remarquer : c'est une anfractuosité du roc, du côté de la galerie opposé aux écuries, avec la disposition et les outils nécessaires au ferrement des chevaux.

Il est presque inutile de dire que ce travail se fait à froid, bien que le gaz vicié ne puisse venir en cet endroit.

Magasin d'outils

La mine a plusieurs étages en exploitation, chacune a quelques chevaux avec écurie..., etc., ainsi qu'un magasin d'outils de mineurs. Un gardien y reste constamment. C'est là que de temps à autre, et sans prévenir, bien entendu, on procède à une fouille sérieuse sur tous les mineurs, pour bien s'assurer qu'ils ne portent pas d'allumettes ni d'instruments de fumeurs.

On est très sévère sur ce sujet, mais on n'a jamais eu l'occasion de sévir.

Dans ce magasin sont installés des moyens de communication avec l'extérieur de la mine. On y remarque un appareil téléphonique. Des fils électriques permettent de sonner au mécanicien pour la montée ou la descente des bennes ; c'est de là que se fait la commande du mouvement.

---

exclusivement par des femmes qui manient très aisément ces poids. Le chargement des hauts-fourneaux de l'usine est également manipulé par elles. Elles paraissent toutes très robustes, avec leur jupon court, de gros souliers ferrés et un mouchoir en guise de serre-tête. L'usine a fait confectionner, pour leur usage, des petites voitures à bras très légères dont les roues s'adaptent dans les rails métalliques.

La remontée

Nous reprenons place dans la cage de l'ascenseur avec un peu moins d'émotion que pour la descente. On annonce au mécanicien la présence de personnes étrangères pour la montée afin de n'imprimer que la vitesse de 5 mètres à la seconde au lieu de 10.

Nous montons sans impression désagréable.

Nous voyons enfin la lumière du jour après un séjour d'un peu plus de 2 heures dans les profondeurs de la terre. C'est avec un grand plaisir que nous reprenons possession du sol ! Nous rendons nos lampes.

Un seau d'eau froide et un bain de pied tiède attendaient chaque voyageur dans sa cabine.

La bonne attention n'est pas superflue, car nous ressemblons complètement à des soutiers en corvé et le nettoyage n'est pas aisé. Il est impossible d'enlever du premier abord, le cercle noir au bord des paupières ; ce sera l'affaire de quelques jours avant de le voir disparaître entièrement.

Aussitôt vêtu, notre aimable conducteur vient voir s'il ne nous a rien manqué pour notre toilette. Nous en profitons pour lui demander à voir le plan d'ensemble de la mine que nous venons de visiter. Il a accédé volontiers à ce désir.

Il faut dire que la Société Cockerill possède deux autres puits à charbon dans son usine même.

Plans de la Mine.

Le plan présente une série de lignes de différentes couleurs. Chaque couleur figure une certaine profondeur que fait connaître la légende du plan.

Les galeries sont tracées avec une largeur proportionnée à leur importance.

La route que nous avons suivie nous est représentée et nous pouvons alors nous rendre compte du nombre compliqué de galeries de toutes dimensions que nous avons parcourues (à peu près le $1/3$ de l'ensemble de la mine). Il faut une bien grande habitude pour ne pas s'égarer au milieu de tant d'embranchements dont aucune indication ne représente la direction.

On se sert de la boussole pour se rendre compte de la direction suivie par les galeries afin de les représenter sur le plan.

Il est à supposer que cet instrument soit le seul commun entre une route maritime suivie et celles des galeries souterraines, mais ici, il n'est point besoin d'y adapter de pinule azimutale pour les relèvements des astres.

Prix de revient du Charbon.

Parmi une foule de questions que nous posons et auxquelles répond complaisamment le chef de l'exploitation (ces réponses sont mentionnées dans le cours de ce récit), nous apprenons que le coût des frais généraux tels que : surveillance, creusement des galeries, entretien du boisage, le bois âgé lui-même... etc., était estimé à 2 fr. 40 la tonne de charbon extraite.

On nous dit aussi que la Société possédant la mine était responsable de la solidité des murs et édifices bâtis sur le terrain occupé par la mine. Si une maison se lézarde, elle est tenue de réparer sans contestation possible. On suppose alors que ces traces de fatigue sont dues à un affaissement du sol.

Quelques chiffres donnant
la production annuelle des principales nations.

L'Angleterre vient en tête avec une extraction annuelle de 160 à 170 millions de tonnes de charbon : elle en exporte 25 ou 26 millions.

L'Allemagne vient ensuite avec une production (pendant l'année 1890) de 67 millions de tonnes de charbon et 17 millions et demi de tonnes de lignite, soit une production totale de 84 millions et demi. La tonne de charbon est estimée aujourd'hui dans ce pays à un peu moins de 8 fr. et la tonne de lignite à 3 fr. 20 environ. D'après la publication d'un rapport donnée dans le *Moniteur officiel du Commerce*, le sous-sol allemand ne produisait, en 1875, que 37 millions et demi de tonnes de charbon et 10 millions 300.000 tonnes de lignite ; soit un peu moins de 49 millions de tonnes en totalité.

Les grèves de 1889, dans le bassin de Westpalie, ont amené une hausse énorme dans les prix du combustible et cette hausse paraît devoir se maintenir ([1]).

Le tableau ci-dessous en fait foi.

Tarif des salaires moyens comparés
des Ouvriers mineurs dans les principaux centres
houillers de l'Allemagne.

	Haute-Silésie.	Basse-Silésie.	Westphalie.	Saarbruck.
En 1888	2 fr. 31	2 fr. 55	3 fr. 35	3 fr. 68
1889	2 fr. 70	2 fr. 70	4 fr. 09	4 fr. 31
1890	2 fr. 86	2 fr. 86	4 fr. 47	4 fr. 51

Le *Moniteur officiel* ajoute que la journée de travail en Allemagne n'est pas uniforme.

---

(1) La journée moyenne a du probablement augmenter dans la même proportion pour les ouvriers mineurs belges.

D'après une statistique allemande, pour les ouvriers du fond, elle varie comme il suit dans les différents districts :

10 % des ouvriers travaillant 8 heures.
33 % — — 10 —
57 % — — 12 —

Dans la Basse-Silésie.

12 % des ouvriers travaillant 8 heures.
88 % — —. 10 —

En Westphalie, la journée moyenne est de 8 heures et de 6 seulement pour les mines très chaudes.

Dans les mines de Saarbruck, la journée est également de 8 heures. Elle est de 9 heures 36 minutes à Aix-la-Chapelle.

Pour les ouvriers de la surface, la journée est généralement de 10 à 12 heures y compris le repos d'usage.

Les salaires, pour les ouvriers du fond, sont : en Silésie de 3 fr. 27 par jour.

En Westphalie, ils atteignent 5 fr., à Saarbruck 4 fr. 80.

Les ouvriers de la surface touchent en Westpalic 3 fr. 50, en Silésie 2 fr. 50.

Les femmes ne sont employées que dans les mines de Silésie où elles gagnent 1 fr. 10 à 1 fr. 60 !

On estime à 270,000 le nombre des mineurs employés en 1889 dans les mines allemandes, auxquels on a distribué 250 millions pendant l'année. Cette somme représente environ les 45 % de la valeur du combustible extrait.

On peut dire que l'Allemagne consomme presque toute sa production de houille. Elle exporte un peu même en France ainsi qu'il est dit plus loin, mais elle importe plus de 5 millions de tonnes de lignite.

La France vient en troisième ligne avec près de 25 millions de tonnes (les départements du Nord et du Pas-de-Calais entrent pour la moitié de cette production). Elle en importe 10 millions de tonnes par an, soit pour une valeur d'environ 140 millions de francs.

La Belgique produit tout près de 20 millions de tonnes, c'est un chiffre considérable pour une contrée d'aussi peu de superficie.

L'énorme consommation de charbon faite à l'intérieur de l'Angleterre (environ 140 millions de tonnes) atteste le développement considérable de son industrie mécanique.

Elle fournit 7 millions et demi de tonnes par an ! L'Allemagne en produit 3 millions et demi. Nous n'en pouvons fournir que 1 million et demi à peine. La proportion de la production métallurgique est donc à peu près la même que celle de la houille.

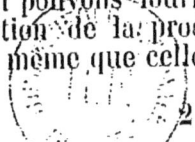

Les mines de charbon françaises emploient de 105 à 110.000 mineurs, soit environ :

Mineurs de 12 à 20 ans.................. 23.681
— 21 à 45 ans.............. .. 62.308
— 45 à 85 ans.............. 19.428

Total....... 105.417

Parmi lesquels 15.000 étrangers, Belges pour la plupart.

Notre production nationale de houille n'atteignant que les $66/100$ de la consommation, le complément nous est fourni : par la Belgique à raison de 50 % ; par l'Angleterre pour 38 %, et par l'Allemagne qui nous vend les autres 12 %. Ce charbon étranger qui passe ainsi tous les ans nos frontières représente le travail de 51.500 mineurs.

Voici la liste des départements employant le plus de charbons étrangers.

Le Calvados et la Loire-Inférieure emploient les 98 % de leur consommation.
Les Ardennes — 90 % —
La Seine-Inférieure — 84 % —
La Meurthe-et-Moselle — 83 % —
La Gironde — 82 % —
Seine-et-Oise — 54 % —
La Seine et Paris — 42 %

Près de 1.500.000 tx de houilles étrangères !

Il faut dire pour être juste que la France exporte annuellement environ 595.000 tx de charbon vendu à l'étranger !

M. H. Couriot a compté que les besoins de la France en temps de guerre concernant la houille seraient de :

4.684.000tx, pour les usines métallurgiques ;
3.185.000tx, pour les chemins de fer ;
1.282.000tx, pour machines dans les mines ;
2.184.000tx, pour marine marchande mobilisée ;
803.500tx, pour marine militaire ;

Soit en total : 12.140.500tx de charbon.

Or, il a calculé qu'avec la levée en masse, les mineurs resteraient au nombre de 43.000, ne produisant que 8 millions de tonnes environ.

Extrait d'une publication étrangère :

« D'immenses couches de charbon, on le sait, viennent d'être
« découvertes sous la Manche, au cours des sondages faits par
« les promoteurs du tunnel reliant Calais à Douvres.

« Cette découverte confirme tout simplement les doctrines
« enseignées par les géologues sur la continuité du banc de
« houille, qui commence en Wesphalie (Allemagne), traverse
« le pays Wallon (Belgique), les départements du Nord et
« du Pas-de-Calais (France) et reparait en (Angleterre).

« Maintenant que la puissante compagnie, dont sir E. Watkin
« est le président, a trouvé des couches de charbon, il est
« probable qu'elle trouvera aussi le moyen de persuader au
« gouvernement anglais de l'autoriser à commencer le tunnel
« qui permettra de les exploiter »...

Ce n'est donc pas de sitôt que les derniers blocs de houille
disparaîtront, il faut s'en féliciter.

Septembre 1890.

A. QUENTIN.

(1) Il peut être intéressant de connaître le nombre des victimes du
grisou, depuis les 25 dernières années, dans les mines françaises
seulement. Ce nombre s'élève à plus de mille ouvriers tués dans les
circonstances suivantes :

En 1876, un accident survenu le 4 février au puits Jabin à Terre-
noire, cause la mort de 186 ouvriers. En totalité, on relève, pendant
l'année 191 tués et 17 blessés : soit 208 victimes.

En 1877, le 14 février, 45 ouvriers sont tués et 1 blessé au puits
Sainte-Barbe à Boussagues, dans l'Hérault; au total : 52 tués et 36
blessés, soit 88 victimes.

En 1878, l'explosion du puits Sainte-Barbe, au Matoret, tue 11
mineurs et en blesse 4. La totalité pour l'année est de 16 morts et 26
blessés : soit 42 en tout.

En 1879, le 1er septembre, on a eu à déplorer la mort de 16 mineurs
au puits Maquy à Rouchamp, (Haute-Saône). 24 mineurs ont été
blessés dans divers accidents : soit 40 en totalité.

En 1880, on n'a à déplorer aucune grande catastrophe; on n'en
compte pas moins 15 tués et 25 blessés : soit 40 en totalité.

En 1881, 1882, 1883, 1884, on ne constate que des explosions peu
importantes. Les victimes sont exactement de 23 morts et 33 blessés
en 1881 : soit 56. On compte 12 décès et 22 blessés en 1882 : soit 34.
Pour 1883 il y a 38 morts et 37 blessés : soit 75 victimes. 22 morts et
23 blessés en 1884.

En 1885, le 14 janvier, le grisou et les poussières charbonneuses s'enflamment subitement à la suite d'un coup de mine à Courcelles-lès-Lens (Pas-de-Calais), tuant 10 ouvriers et en blessant 4. Pour l'ensemble des mines françaises le total est de 42 tués et 28 blessés : soit 70 en totalité.

En 1886, le 24 juin, un éboulement partiel, dans une des galeries du puits Saint-Charles, à Rouchamp, détermine, dans la galerie inférieure, une explosion qui tue 23 mineurs et en blesse 1. On compte dans cette année : 24 tués et 14 blessés : soit 38 victimes en totalité.

En 1887, le 1er mars, une explosion de grisou au puits Châtelus (Loire) cause un incendie général de la mine : 79 mineurs sont tués et 6 sont blessés. Une partie des corps sont abandonnés ; on ne les retrouve que quelques mois plus tard. Pour toutes les mines, le nombre des morts est de 84 et 27 blessés : soit 111 en totalité.

En 1888, le 3 novembre, a lieu la catastrophe de Campagnac où 49 mineurs sont tués. L'ensemble de l'année donne 56 tués et 22 blessés : soit 78 en totalité.

En 1889, le nombre n'a pas encore été officiellement établi, mais une seule explosion, celle du puits Verpilleux, survenue le 3 juillet, a causé la mort de 207 ouvriers.

En 1890 seul, l'explosion du puits Pellissier, à Villebœuf, a fait 118 victimes ; un second coup de grisou, dans la même mine, faisait, quelques jours après, une dizaine de victimes de plus.

Quel genre d'industrie peut présenter un aussi triste bilan ?

Désordres produits dans une mine par une explosion de grisou

M. François LAUR descendit, en 1888, dans la mine où a eu lieu la catastrophe citée plus haut. Voici quelle impression il a ressenti et qu'il a traduite de main de maître....

« Nous entrons dans l'exploitation et nous nous dirigeons à gauche dans la partie nord où il y a des cadavres à retrouver.

De suite on constate des désordres et principalement, sur tous les objets, cet enduit de suie qu'a déposé partout le grisou, à tel point que les objets apportés récemment, les planches, la paille ou les outils se distinguent au premier coup d'œil et paraissent d'une grande blancheur.

On a dit que le coup de grisou était un typhon de flammes. Cela est vrai, mais un typhon soufflant dans une sorte de ville souterraine ayant ses rues, ses carrefours, ses boulevards, ses ruelles et ses culs-de-sacs.

Là-dedans des hommes, des chevaux, des trains qui circulent. Et quand le typhon éclate comme la foudre, tout vole pêle-mêle. Grillant si c'est du bois ou de la chair humaine, tordant si c'est du fer, pulvérisant si c'est de la houille. Tous ces objets se choquent, se pénètrent, s'écrasent contre les parois qui s'éboulent et recouvrent les débris de ce qui était, la seconde d'avant, vivant, palpitant ou mobile.

Dès les premiers pas, voici, en effet, les cadres qui soutiennent le toit de charbon renversés et comme fauchés. Là une pelle sans manche repliée comme une main et perforée par quoi ? Comment ? Qui l'expliquera ? Là une scie en forme de tire-bouchon.

Nous avançons encore, et nous montons en courbant la tête, pour ne point toucher le plafond, sur un tas de charbon éboulé, car nous sommes en plein massif.

Le grisou a fait du travail, il a fauché les bois de soutènement d'abord, puis de droite et de gauche, il a coupé une tranche verticale de houille, puis au toit une tranche horizontale et tous les débris, hommes, rails, outils, boisage sont ensevelis sous ce charbon luisant.

Comment peut se concevoir un pareil effort, que des millions de pics frappant tous ensemble ne pourraient réaliser. Il y a là un mystère de dynamite qu'il faut expliquer.

Quand le coup de grisou part, comme une poudre dans le fond d'un canon, la pression s'élève formidablement ; c'est sept, huit, dix, atmosphères qu'il faut au moins compter. Mais, comme dans le canon, quand les gaz ont été chassés violemment, le vide se produit d'autant plus intense que la pression et la chaleur ont été plus fortes, et alors, si les galeries étaient des tubes flexibles en caoutchouc, on les verrait se pincer brusquement, se fermer automatiquement sous l'influence de la succion épouvantable qui se produit. Mais, comme les galeries ne sont pas flexibles, le vide alors appelle à lui les parois et tous les objets qui peuvent le combler ; il arrache pour ainsi dire la pierre, celle qui est fissurée, séparée par des plans de cassures et ne s'arrête que lorsque le bloc de rocher est compact.

Puis après la pression immense et la succion, une troisième phase, le rétablissement de la pression ordinaire, le calme et le silence de la mort. Tout cela a été rapide comme la pensée et a duré quelques secondes. C'est foudroyant.

Nous cheminons donc sur le charbon éboulé, les étais brisés comme de la paille (ils sont gros comme la cuisse), cela dure deux cent mètres environ, quand tout à coup nous nous trouvons en présence d'un train de bennes. Là nous avons la notion exacte de la violence du typhon de feu. Ces bennes sont en tôles. La première benne bouchait à peu près le 1/3 de la section de la galerie principale, elle s'est opposée au passage du gaz. Aussi l'ouragan l'a-t-il poussée irrésistiblement comme un piston dans un cylindre ; mais les roues déraillant se sont arcboutées et enfoncées dans le sol, ou bien la benne de tête a buté contre un obstacle (paroi ou éboulement), et alors les bennes suivantes ont monté les unes sur les autres. se pénétrant, se plissant comme un accordéon fermé, donnant ainsi comme l'image immobilisée, des efforts colossaux développés. Enfin au fond, les lampes apparaissent, les hommes déblaient et boisent au milieu du grisou les éboulements en cherchant les cadavres. Du courage héroïque, et pas d'espoir de trouver un vivant.

Nous sommes à l'extrémité de la région nord, d'où est partie l'explosion. Rien n'apparaît plus que le désordre des éléments. On entend filtrer le grisou contre la paroi du fond, à moitié remblayée. On dirait un sifflement de serpent ou un petit robinet de vapeur ouvert. Cela paraît inoffensif. On est obligé de dire chut ! à tout le monde pour entendre. Et c'est pourtant de la mort qui se dégage peut-être, de la dynamite gazeuse dans tous les cas.

Nous revenons sur nos pas, nous repassons au carrefour et nous montons par le plan ou galerie inclinée à l'étage supérieur, 119 mètres. On cherche encore les morts, mais on ne trouve rien. Beaucoup de grisou.

Comme les travaux sont en cul-de-sac, on sépare la galerie en deux par une cloison verticale en toile qui occupe le milieu, cela fait donc deux galeries dans une. Dans celle de droite par exemple, s'avance l'air frais, il tourne au fond, lèche le front de taille, dilue le grisou, alimente les hommes et revient par la gauche.

Mais le terrible gaz qu'on ne sent, ni ne voit, qui a même besoin d'air pour faire son mélange explosif, le gaz est là. Plus léger que l'air, il reste en haut dans la cloche du plafond, et, quand il augmente, son niveau descend et atteint les lampes. Gare, alors ! il y a une fissure dans la toile métallique qui les enveloppe. Car les gaz qui s'allument intérieurement à la flamme de la lampe, entourés de toutes parts de cette toile, ne sont plus assez refroidis par elle, deviennent incandescents, sortent et peuvent communiquer le feu à l'atmosphère toute entière.

Le maître mineur qui nous accompagne = je n'oublierai jamais ce moment = élève alors lentement sa lampe allumée du sol au plafond. A cinquante centimètres, la flamme de la lampe de rouge qu'elle était, devint plus pâle, bleu livide, s'allonge. L'intérieur s'emplit de grisou qui flambe doucement mais se refroidit en passant par les trous de la toile métallique. La lampe est levée encore de dix centimètres. Pouf ! elle s'éteint dans le grisou pur qui, privé d'air, en peut entretenir la combustion d'un corps et remplacer l'oxygène absent.

Nous sommes là six réunis. On se regarde. C'est lui !

L'ingénieur en chef hoche la tête imperceptiblement, fait un signe au maître mineur, et sans se presser, comme s'il n'y avait aucun danger, il donne l'ordre de ne pas déranger la cloison en toile, d'aller avec précaution. Nous nous éloignons lentement silencieux.

Evidemment, nous venons de nous trouver dans les conditions favorables à une explosion. Les hommes sont bien exposés et le grisou suinte en quantités inquiétantes. Un second coup serait désastreux. La suspension de cette recherche est décidée dans un petit conseil tenu à voix basse.

Malgré tout, on reprend quelques heures plus tard jusqu'à ce que l'on soit convaincu qu'aucun cadavre n'était dans cet avancement.

Quel courage et quelle abnégation pourtant de la part de ces ouvriers qui risquent leur vie pour quelques francs par jour. Nous, notre honneur est en jeu : eux, c'est la solidarité pure, le devoir qui les pousse et les rend héroïques.

NOTES PRATIQUES

sur les générateurs mécaniques d'électricité

Les appareils qui transforment le travail mécanique en énergie électrique sont fondés sur les phénomènes d'induction électro-magnétiques (découverts par Faraday) résultant du mouvement de rotation d'un circuit fermé dans un champ magnétique.

On appelle *courants induits* les courants qui en résultent, et *circuit induit* ou *armature* le circuit soumis à l'induction.

On appelle *inducteurs* le système magnétique dont la présence est la cause du courant induit.

Lorsqu'un morceau de fer ou d'acier se trouve placé dans un champ magnétique, il devient lui-même un aimant. L'action qui produit cette aimantation s'appelle *induction magnétique*.

Lorsque l'aimantation induite aux corps est dans le même sens que le flux, on dit que ces corps sont *para-magnétiques ;* tels sont le fer, le nickel, le cobalt, le chrôme, le manganèse et le platine.

Lorsqu'au contraire elle se fait dans un sens opposé à celui du flux, on dit qu'ils sont *dia-magnétiques ;* tels sont le bismuth, l'antimoine, le zinc, le cuivre, le plomb et le charbon.

Les machines électro-magnétiques se distinguent les unes des autres par la forme des courants induits, la nature des inducteurs et le mode d'enroulement du circuit induit.

Dans les machines usuelles, le circuit induit se compose généralement d'un certain nombre de bobines disposées symétriquement par rapport à l'axe de rotation du système dans le champ magnétique. Il en résulte que l'intensité et le sens du flux de force magnétique varient périodiquement, et un conducteur extérieur relié directement aux deux extrémités du circuit induit sera parcouru par des courants dirigés tantôt dans un sens, tantôt dans un autre.

Les machines sont dites à *courants alternatifs* lorsqu'elles fournissent au circuit extérieur des courants alternativement désignés contraires.

Les machines sont dites à *courants continus* lorsque les bobines de l'induit sont groupées d'une façon convenable au moyen d'un appareil spécial appelé *collecteur* ou *commutateur* et qu'il arrive que les courants alternés de l'induit traversent le circuit extérieur toujours dans le même sens.

Il y a deux sortes de machines électro-magnétiques ; ce sont : 1° Les machines *magnéto-électriques,* et 2° les machines *dynamo-électriques.* Elles sont *magnéto* lorsque le champ magnétique est constitué par des aimants permanents et elles sont *dynamo* lorsque le champ magnétique est constitué par des électro-aimants.

Ces dernières sont beaucoup plus employées que les machines magnéto-électriques et les applications en sont beaucoup plus importantes. Aussi dans ces notes il ne sera question que des machines *dynamo-électriques*.

Les dynamos les plus employées dans la marine militaire sont les dynamos Gramme et les dynamos Desroziers. Les premières sont construites par la maison Sautter, Harlé et C¹ᵉ, et les deuxièmes par la maison Bréguet ; toutes deux situées à Paris.

Ces deux types de dynamos sont à courants continus et servent à l'éclairage intérieur ou extérieur des navires de la flotte.

Chacune de ces dynamos se compose : 1° des électro-aimants et 2° de l'armature ou induit.

En général, un électro aimant se compose de deux *noyaux* en fer doux (autour desquels est enroulé le circuit excitateur), réunis par une troisième pièce de fer également doux, appelée *culasse*. Les noyaux sont terminés par les pièces *polaires* entre lesquelles tourne l'armature.

Fig. 1

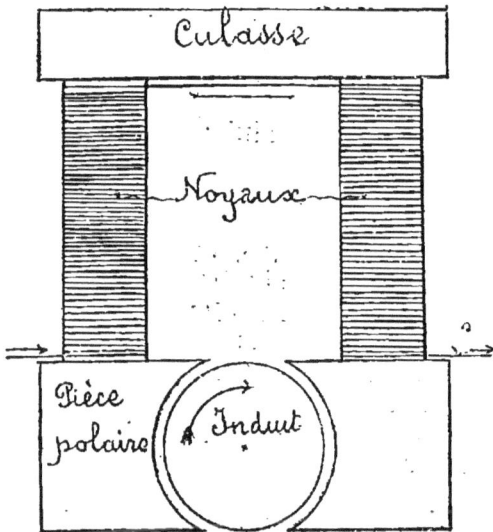

La figure (1) repré-sente la forme d'électro-aimants à pôles *simples* et la figure (2) en repré, sente une à pôles *conséquents*, parce qu'il y a deux culasses. C'est le type de la dynamo Gramme d'atelier ainsi que celui employé pri-mitivement dans la Ma-rine et appelé dynamo Gramme de 500 becs.

DYNAMO GRAMME. — La dynamo Gramme est caractérisée principale-ment par son armature. Celle-ci est un induit en anneau. La carcasse ou *âme* de fer doux est constituée par un fil de fer trempé dans du bitume et enroulé de manière à former un tore à section aplatie. Le tore ainsi formé est garni de mastic isolent séché au four et tourné extérieurement.

L'anneau est divisé en un nombre pair de sections et sur chaque section les spires de cuivre, qui recouvrent la carcasse, constituent une bobine reliée à deux lames du *collecteur*. Celui-ci se compose d'une série de lames de cuivre taillées en coin et isolées entre elles à l'aide d'un corps mauvais conducteur de l'électricité et réunis de manière à former un cylindre unique fretté au moyen d'une bague également isolée. A chaque lame du collecteur est soudée une lamelle en cuivre, terminée par un crochet auquel se fixent les extrémités de deux bobines adjacentes. Il y a donc autant de lames dans le collecteur que de bobines partielles sur l'anneau. Dans l'espace resté libre à l'intérieur de l'anneau, on introduit un moyeu en bronze et l'armature ainsi formée est montée sur un arbre en acier.

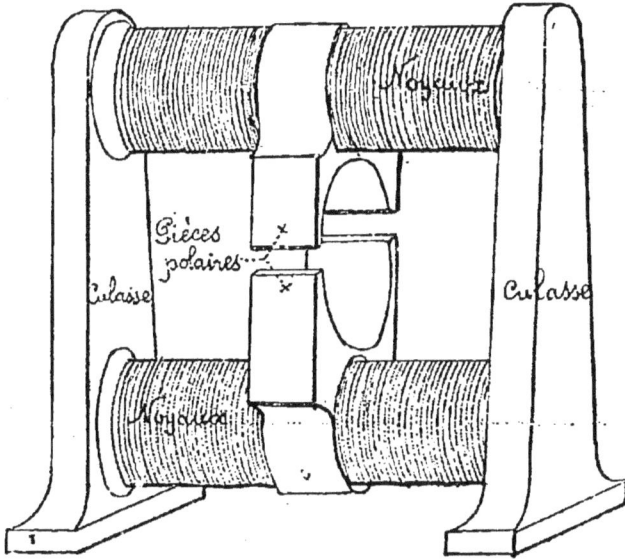

Fig. 2

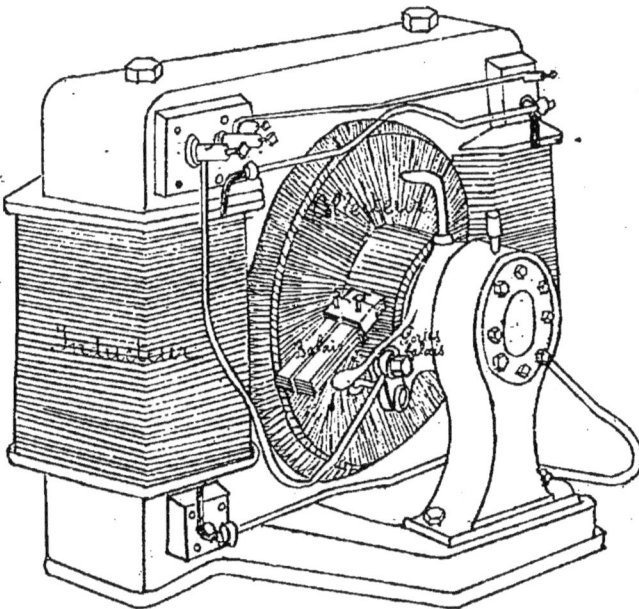

Fig. 3

DYNAMO DESROZIERS *(intensive multipolaire)*. — La dynamo Desroziers diffère beaucoup de celle de Gramme, par sa forme extérieure et son induit. Celui-ci est en forme de disque plat, sans noyau de fer et formé de conducteurs rayonnants et traversant des champs magnétiques intenses.

Fig. 4

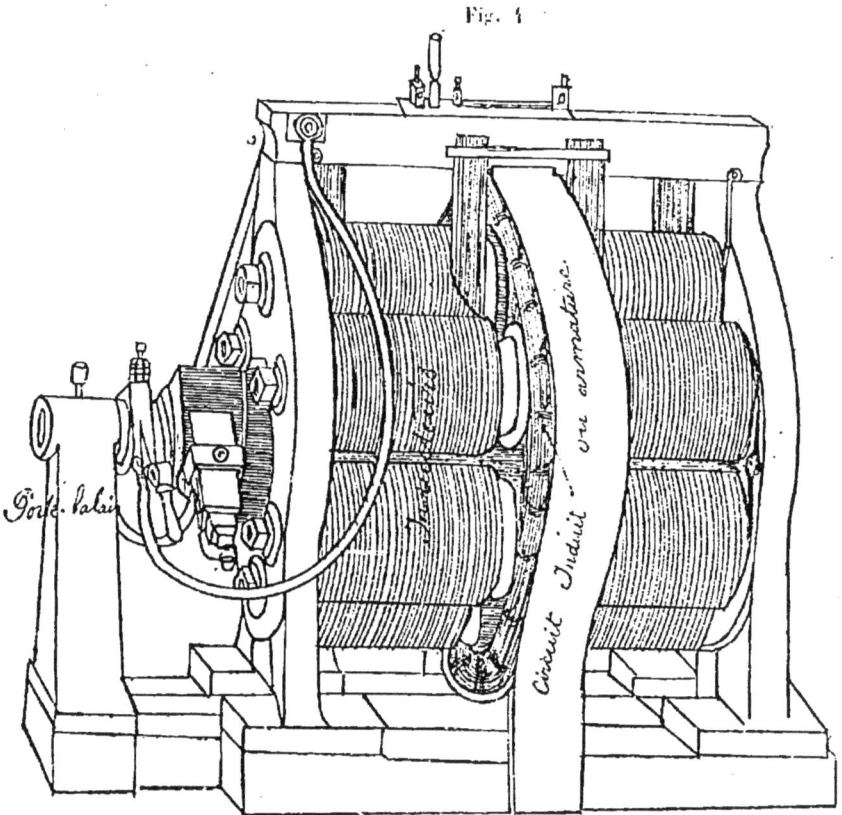

Le système inducteur comprend six champs magnétiques, obtenus au moyen de douze noyaux distribués en regard les uns des autres, sur deux flasques parrallèles de manière à former les sommets d'un hexagone régulier. Chaque noyau est terminé du côté de l'induit par un épanouissement polaire. La circulation du courant dans les inducteurs est telle que deux pièces polaires consécutives, constituent deux pôles de nom contraire et que deux pièces polaires se faisant vis-à-vis par rapport à l'induit, constituent aussi deux pôles de nom contraire. Par suite de la disposition des conducteurs, il résulte que le nombre de lames du collecteur est égal à trois fois le nombre des sections de l'induit et les liaisons des conducteurs aux lames du collecteur sont facilitées par un appareil appelé *connecteur*. Celui-ci se compose d'un tambour en bois claveté sur l'arbre de la dynamo et portant des dentures comme une roue d'engrenage ; ces dents sont en nombre égal à celui des lames du collecteur.

BALAIS. — Pour ces dynamos, la communication entre le circuit induit et le circuit extérieur est faite par les *balais* qui viennent frotter sur le collecteur.

Le balai *positif* est celui par lequel le courant arrive au circuit extérieur, et le balai *négatif* est celui par lequel le courant revient à la machine.

Dans le circuit induit, le courant va du balai négatif au positif.

Lorsque l'on ferme le circuit d'une machine électrique, de manière à la mettre en service, on remarque de suite que, si les balais occupent la position théorique, il s'y produit des étincelles plus ou moins violentes. Pour les faire disparaître il faut les déplacer sur le collecteur, en faisant tourner le porte-balais dans le sens du mouvement de l'arbre. On trouve ainsi, en général, une position pour laquelle elles disparaissent plus ou moins complètement.

Cette opération, que l'on appelle le *décalage des balais*, doit se faire à chaque fois que le débit de la machine électrique vient à varier. Chaque balai se compose d'un faisceau prismatique de fils ou de lames de cuivre, maintenu dans une gaine en bronze fixée au *porte-balais*. Ceux-ci sont munis de ressorts à boudin, qui assurent constamment le contact des balais sur le collecteur.

On dit qu'une machine est du type *simplex* lorsqu'elle n'a qu'une paire de pôles ; *duplex*, lorsqu'elle en a deux ; *triplex*, lorsqu'elle en a trois, etc. Enfin, elle est *multiplex* ou *multipolaire*, lorsqu'elle a plusieurs paires de pôles. (*On dit aussi bipolaire pour simplex.*)

On croyait d'abord que les dynamos multipolaires avaient l'avantage de donner le même nombre d'ampères et même force électro-motrice à vitesse angulaire, beaucoup plus faible que les dynamos simplex, mais on a fini par s'apercevoir qu'il n'en était rien et actuellement on ne commande que des dynamos bi-polaires ou simplex.

La machine électrique est *réversible*, c'est-à-dire que si on lui fournit un courant électrique provenant d'une source extérieure, elle se mettra en mouvement dans son champ magnétique en développant un travail mécanique. On dit alors que la machine marche en *réceptrice*. Lorsqu'au contraire c'est elle qui fournit le courant, on dit qu'elle marche en *génératrice*.

Les machines électriques se distinguent aussi les unes des autres par le mode d'excitation de leurs électro-aimants.

1º La dynamo est dite à *excitation indépendante*, lorsque le courant excitateur est fourni par une source extérieure (fig. 5).

2° La dynamo est dite *auto-excitatrice* lorsque le courant est fourni par la machine elle-même (fig. 6, 7, 8, 9).

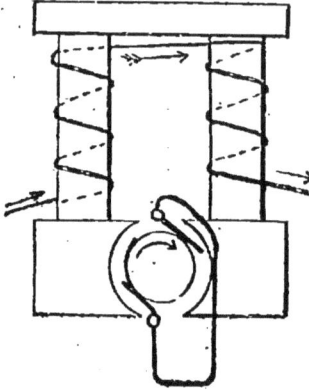

Fig. 5

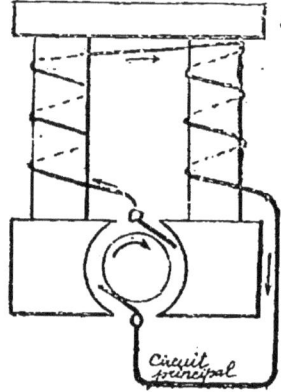

Fig. 6

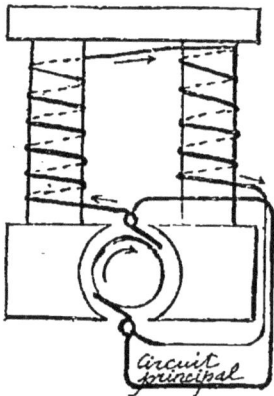

Fig. 7

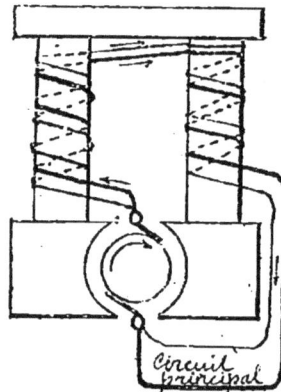

Fig. 8

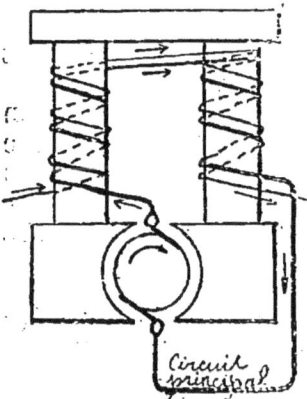

Fig. 9

3° La dynamo est montée en *série*, lorsque les électro-aimants sont excités par le courant total de la machine. Dans ce cas, le circuit excitateur, qui est formé d'un gros fil faisant un petit nombre de tours autour des noyaux des inducteurs, est en série avec le circuit extérieur (fig. 6).

4° D'autres fois le circuit excitateur est formé d'un fil long et fin, faisant un grand nombre de tours autour des noyaux des inducteurs et relié directement aux balais.

C'est le montage en *dérivation*, ainsi nommé parce que le circuit inducteur est évidemment en dérivation sur le circuit extérieur. Il ne passe dans le fil fin qu'une faible partie du courant produit, et cette partie ne passe plus dans le circuit d'utilisation. On donne à la dynamo le nom de *dynamo-shunt* (fig. 7). (Shunt, veut dire dérivation, en Anglais.)

5° Enfin on peut combiner ces deux modes d'excitation et obtenir ce qu'on appelle le *double enroulement*, dont l'un est parcouru par le circuit total et l'autre par un courant dérivé.

On donne à la dynamo le nom de *Dynamo-Compound* (fig. 8 et 9).

6° La dynamo Compound est en *courte dérivation* lorsque le circuit dérivé est en communication avec les extrémités de l'induit (fig. 8).

7° Elle est en *longue dérivation* lorsque le circuit dérivé est en communication avec les deux extrémités du circuit extérieur (fig. 9).

Chacun de ces modes d'excitation donne des propriétés spéciales à la dynamo.

MESURES FONDAMENTALES. — Le Congrès international des électriciens, réuni à Paris en 1881, a adopté, comme unités fondamentales, *le centimètre, la masse du gramme et la seconde.* C'est pour cela qu'il a reçu le nom de système C. G. S.

1° L'unité de travail s'appelle *dyne.*

Un dyne $= \frac{1}{981}$ gramme $= 1,019$ milligrammes à Paris.

Un gramme égal donc 981 dynes.

2° Il y a une autre unité de travail, qui s'appelle *erg.*

Un erg vaut $1,019 \times 10^8$ kilogrammètres $\}$ *à Paris aussi.*
Un kilogrammètre vaut $9,81 \times 10^7$ ergs $\}$

(*D'après les dernières expériences faites à Paris, l'accélération d'un corps, par seconde, est de* $9^m,8094$.)

Comme dans la pratique, ces valeurs ne seraient pas faciles à mesurer, on a adopté d'autres unités, qui sont des multiples ou des sous-multiples du système C. G. S.

Le Congrès de Paris a consacré sous la forme suivante :

1° L'*ohm*, qui est l'unité de résistance et qui vaut 10^9 unités C. G. S. C'est la résistance d'une colonne de mercure de 106 centimètres de long et d'un millimètre carré de section, à la température de 0° centigrade, c'est-à-dire à celle de la glace fondante.

Le *megohm* $= 10^6$ ohms, ou 1,000,000 de ohms et le *microhm* $= 10^6$ ohms ou $\frac{1}{1.000.000}$ d'ohm.

2° le *volt* est l'unité de différence de potentiel ou de force électo-motrice. Un volt vaut 10^8 unités C. G. S. Le micro-volt vaut 10^6 volt.

3° L'*ampère*, qui est l'unité d'intensité, est le courant produit par un volt dans un ohm. Un ampère vaut 1/10 unité C. G. S. de courant.

Le milli-ampère vaut 10^3 ampère. Le micro-ampère vaut 10^6 ampère.

4° Le *coulomb* est la quantité d'électricité fournie en une seconde par un courant d'un ampère.

Un coulomb vaut 1/10 d'unité C. G. S. de quantité.

5° Le *farad* est la capacité d'un condensateur qui prend la charge d'un coulomb lorsque la différence de potentiel de ses armatures est de un volt.

Un farad vaut 10^9 unité C. G. S. de capacité.

Un micro-farad vaut 10^6 farad ou 10^{15} unité C. G. S.

Ces unités pratiques, telles qu'elles viennent d'être définies, constituent un système absolu dans lequel les unités fondamentales sont : L = 10^9 centimètres ou 1,000,000,000 centimètres, ou 10,000,000 de mètres, c'est-à-dire le 1/4 du méridien terrestre.

M = 10^{11} gramme-masse.

T = 1 seconde.

A côté de ces noms, adoptés par le Congrès de Paris, il en existe d'autres que la pratique a adoptés et dont il est utile de connaître la signification et la valeur.

1° Le *watt*, qui est l'unité de puissance ou d'activité.

Un watt est l'équivalent d'une force électro-motrice de un *volt*, maintenant un courant de un *ampère*.

Le kilo-watt vaut 1,000 watts.

(Le nombre de watts est donc égal au nombre de volts multiplié par le nombre d'ampères accusés aux bornes de la dynamo.)

2° En France, le *cheval vapeur* vaut $9,81 \times 75$ kil. = 736 watts et, par suite, un kilo-watt = 1,36 cheval vapeur. Il en résulte que, pour avoir le travail électrique en chevaux, de 75 kil. aux bornes, il suffit de diviser le nombre de watts par 736, ou de le multiplier par 0,00136, car $\frac{1}{9,81 \times 75} = 0,00136$. *(Cette dernière opération est plus facile à faire que la première.)*

En Angleterre, le *horse-power* vaut 746 watts.

Le kilo-watt vaut 1,34 horse power.

3° Le *joule* unité de travail, c'est le travail fourni en une seconde par un watt.

Un joule = un volt $\times$ un ampère $\times$ une seconde ou = un volt $\times$ un coulomb. Un kilogrammètre = 9,81 joules et un joule = 0,1019 kilogrammètres.

4° Le *watt-heure* représente le travail développé en une heure par une puissance de un watt, c'est-à-dire 3,600 joules ou 367 kilogrammètres.

5° Le *cheval-heure* est le travail développé en une heure par une puissance de un cheval = 270,000 kilogrammètres = 2,648,700 joules = 736 watt-heures.

6° L'*ampère-heure* représente la quantité d'électricité transportée pendant une heure par un courant de un ampère, c'est-à-dire 3,600 coulombs.

Généralement les volts sont représentés dans les cours d'électricité par la lettre (E). — Les ampères le sont par la lettre (I).

Le nombre de watts est donc représenté par (E × I).

Les ampères et les volts sont accusés par des appareils qui ressemblent beaucoup par leur forme extérieure au manomètre métallique Bourdon.

On les appelle *ampère-mètre* et *volt-mètre*.

L'*ampère-mètre* Deprez et Carpentier est constitué de la manière suivante.

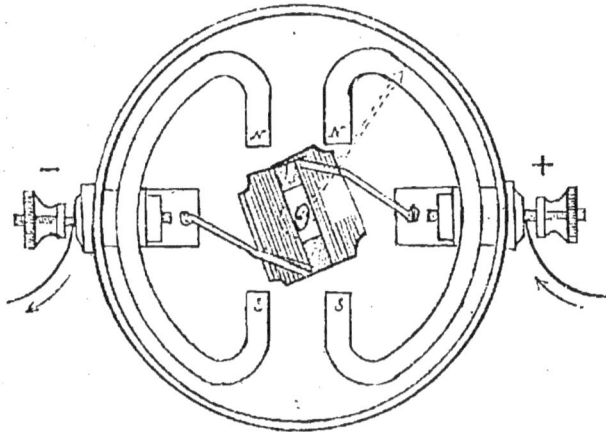

Fig. 10

Dans un champ magnétique fermé par deux aimants demi-circulaires est un cadre galvanométrique constitué par deux bobines cylindriques très rapprochées l'une de l'autre. Entre elles est placée une petite pièce de fer doux mobile autour d'un axe perpendiculaire au plan de la figure ci-contre et portant une aiguille qui se déplace sur un cadre divisé. Les aimants tendent à diriger le barreau de fer doux suivant les lignes de force, c'est-à-dire suivant N. S.

Lorsque le courant passe dans le cadre galvanométrique, les lignes de force du champ sont modifiées et le barreau de fer doux se déplace en entraînant l'aiguille. Les bobines galvanométriques sont formées de lames de cuivre rouge de 10$^{m/m}$ de largeur et d'épaisseur variable suivant les courants auxquels l'appareil est destiné.

Le *volt-mètre* Deprez et Carpentier est constitué de la même façon que l'ampère-mètre, seulement dans les fils qui garnissent les bobines, au lieu de lames de cuivre, on emploie un fil très long et très fin dont la résistance est d'environ 2,000 ohms.

Malheureusement ces instruments de mesure sont sujets à des dérangements et dans des proportions sensibles, surtout lorsque les aimants sont neufs. Il convient donc de s'assurer, lorsque l'on veut des résultats exacts, à chaque essai, si les appareils le sont eux-mêmes en les comparant à un étalon.

Ces appareils de mesure doivent toujours conserver la propriété précieuse d'indiquer le sens du courant tel que l'usage l'a fait adopter, c'est-à-dire que l'aiguille se déplaçant de la gauche vers la droite, la borne de gauche doit être invariablement affectée au pôle positif. De cette façon on évitera de fréquentes méprises et les instruments seront moins susceptibles de se déranger.

Il faut avoir soin de placer ces instruments à deux mètres environ de la dynamo, car le courant de celle-ci influencerai sur eux et les résultats seraient inexacts.

Les *volt-mètres* se placent en dérivation entre les deux points dont on veut connaître la différence de potentiel. Il faut avoir soin d'établir sur le circuit du volt-mètre un interrupteur à ressort de manière à ce que l'appareil ne donne d'indication que lorsqu'on appuie sur le bouton. De cette façon on ne peut dépenser constamment une fraction du courant dans les bobines du cadre galvanométrique et surtout on évite d'échauffer le fil fin, ce qui pourrait donner lieu à des indications fausses.

MOTEURS A VAPEUR. — Chaque dynamo est conduite par un moteur à vapeur monté sur le même bâti qu'elle ; mais pour éviter que les variations de travail de la dynamo ne se fassent trop sentir sur le moteur, l'arbre de celui-ci est réuni à celui de la dynamo par un joint élastique. Les maisons Sautter et Bréguet ont ce joint constitué de différentes façons.

Le joint de la maison Sautter consiste en ceci : sur l'arbre A du moteur est calé un plateau B formant volant, qui entraine

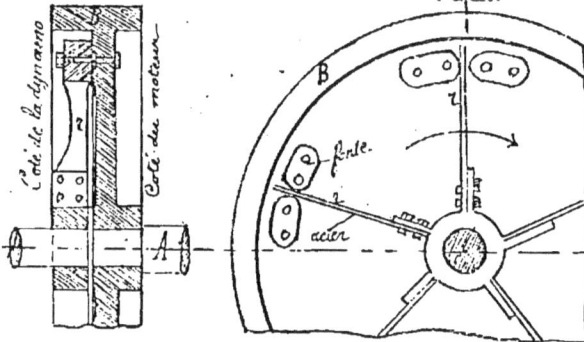

Fig. 11

Fig. 12

l'arbre de la dynamo par l'intermédiaire de cinq lames de ressort R, fixées d'une part à un collier claveté sur l'arbre de la dynamo et saisies à l'autre extrémité entre deux tocs boulonnés sur le plateau B. (Voir fig. 11.)

Le joint de la maison Bréguet est constitué de la façon suivante : l'arbre du moteur porte un volant V muni de dix broches rivées suivant une

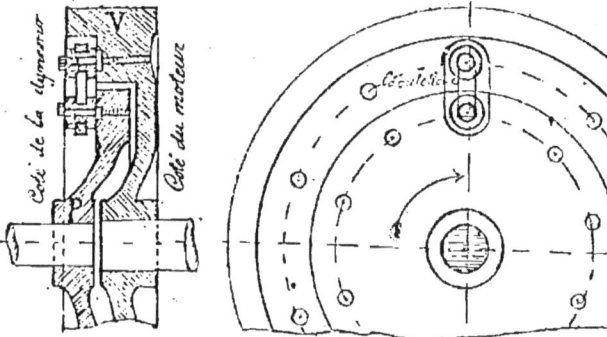

circonférence. L'arbre de la dynamo porte un plateau P muni également de dix broches semblables à celles du volant V.

Les broches du plateau et du volant sont réunies par des bagues en caoutchouc.

Ce système fonctionne aussi très bien. (Voir fig. 12.)

De plus, pour éviter les variations d'allure du moteur, laquelle est très importante, on munit celui-ci d'un régulateur de vitesse centrifuge monté sur l'arbre moteur et lequel par l'intermédiaire de renvois de mouvement fait mouvoir un petit tiroir cylindrique placé devant l'orifice de communication du petit cylindre.

Les conditions des marchés de la marine comportent que le régulateur doit agir de façon à régler la vitesse à 2,5 % près du nombre de tours normal.

Les moteurs à vapeur des maisons Sautter et Bréguet sont à pilon à un ou deux cylindres Compound, fonctionnant à volonté, avec échappement d'air libre ou à condensation. La distribution est faite dans le petit cylindre par un tiroir double à détente variable et dans le grand cylindre par un seul tiroir.

Les tiroirs sont conduits directement par des excentriques, le graissage à l'huile se fait au moyen du système appelé *Coquatrix*. Toutes les pièces sont très accessibles et par suite faciles à visiter ou à démonter.

La maison Sautter a imaginé pour le *Davout* et le *Suchet*, à bord desquels la hauteur des entreponts ne permettait pas de loger son type ordinaire à pilon, un deuxième type de moteur horizontal *Woolf* en tandem, et pour le *Troude*, *Lalande et Casmao*, à bord desquels le même cas s'est produit, un troisième type de moteur Compound vertical à axe central, c'est-à-dire à bielles renversées. (Les cylindres sont en bas.)

L'allure normale de tous ces moteurs est de 350 tours par minute.

A cette allure, les moteurs à pilon à un cylindre avec 1 k. 5 de pression à la boîte à tiroir et 60 c/m de vide au condenseur ne devaient pas consommer plus de 13 k. 5 de vapeur par heure et par cheval indiqué au frein, d'après les conditions des marchés de la marine.

Les moteurs verticaux Compound à la même allure, et avec 3 k. de pression à la boîte à tiroir du cylindre admetteur et 60 c/m de vide au condenseur ne devaient pas dépasser 11 k. de vapeur par heure et par cheval indiqué au frein.

Pendant les années 1887 et 1888, on se contentait de faire subir à l'appareil moteur un essai de 6 heures consécutives, en mesurant la puissance au frein de Prony, et la consommation de vapeur correspondante par heure et par cheval.

Le tableau suivant donne les résultats moyens des principaux essais faits, sous la direction de MM. les Ingénieurs de l'Inspection générale du Génie maritime, à Paris, dans les usines.

Ce tableau représente la première période des essais faits sur les moteurs de dynamos, c'est-à-dire avec le frein seulement.

	Duguesclin	Fulminant	Amiral-Baudin	Formidable	Forbin	Tonnerre	Caïman	Requin
Nom du bâtiment............	Duguesclin	Fulminant	Amiral-Baudin	Formidable	Forbin	Tonnerre	Caïman	Requin
Nom du constructeur.........	Mⁿ Sautter	Mⁿ Sautter	Mⁿ Sautter	Mⁿ Bréguet	Mⁿ Bréguet	Mⁿ Sautter	Mⁿ Soutter	Mⁿ Bréguet
Type du moteur	Vert. compound	Vert. compound	Vert. compound	Vert. compound	Vert. compound	Vert. à un cylindre	Vert. compound	Vert. compound
Diamètres des cylindres et courses des pistons { d = ...	0ᵐ206	0ᵐ206	0,260	0,200	0,200	0,330	0,206	0,200
D = ...	0ᵐ310	0ᵐ310	0,380	0,310	0,310	»	0,310	0,380
C = ...	0ᵐ470	0ᵐ470	0,200	0,150	0,150	0,200	0,170	0,150
Type de la dynamo.	Gramme duplex	Gramme duplex	Gramme triplex	multi. intensive Desroziers	multi. intensive Desroziers	Gramme duplex	Gramme duplex	multi. intensive Desroziers
Force électro-matrice.........	70 volts	70 volts	70 volts	70 volts	70 volts	70 volts	70 volts	70 volts
Intensité du courant.........	150 ampères	150 ampères	200 ampères	175 ampères	175 ampères	150 ampères	150 ampères	175 ampères
Date de l'essai.........	décem. 1887	août 1888	juin-juil. 1888	juin-octob. 1888	juil.-août 1888	août-sept. 1888	oct.-nov. 1888	novembre 1888
Introduction au petit cylindre.....	0,35	0,30	0,28	0,45	0,35	0,45	0,35	0,37
Pression à la boîte à tiroir du petit cylindre.........	3ᵏ	2ᵏ80	3ᵏ00	3ᵏ00	2ᵏ90	4ᵏ50	3ᵏ00	3ᵏ00
Nombre de tours par minute......	350ᵗ	350ᵗ	350ᵗ	350ᵗ	350ᵗ	350ᵗ	350ᵗ	350ᵗ
Puissance au frein.........	19chx55	20chx	32chx25	22chx5	19chx	20chx	20chx	20chx
Consommation d'eau par heure et par cheval indiqué.........	10ᵏ33	10ᵏ20	10ᵏ53	10ᵏ36	10ᵏ16	12ᵏ69	10ᵏ33	10ᵏ23
Vide au condenseur en cent. de mercure.........	63c/m	66c/m	60c/m6	67c/m	67c/m	64c/m6	64c/m	67c/m

Amiral-Baudin : (Moyenne des 3 moteurs semblables)
Formidable : (Moyenne des 4 moteurs semblables)
Forbin : (Moyenne des 2 moteurs semblables)
Caïman : (Moyenne des 5 moteurs semblables)
Requin : (Moyenne des 3 moteurs semblables)

On voit, d'après ce tableau, que tous les essais des moteurs ont été très satisfaisants au point de vue de la consommation de vapeur.

A la fin de l'année 1888, Monsieur Terré, ingénieur de la Marine, a fait, sur les moteurs du *Caïman* et du *Requin*, en outre des essais officiels de recette, des expériences ayant pour but de déterminer les rendements du moteur, de la dynamo et de l'ensemble (total). Il en résulte que, pour l'un comme pour l'autre, le rendement du moteur était d'environ de 0,85; celui de la dynamo de 0,80 et celui de l'ensemble de 0,68 pour l'allure de 350 tours et le moteur développant 20 chevaux au frein, ou la dynamo débitant 150 ampères, avec 70 volts de différence de potentiel aux bornes.

A partir de ce moment les conditions des marchés ont été changées et, au lieu de mesurer la consommation de vapeur d'après la puissance au frein, on la demanda d'après les chevaux électriques relevés aux bornes.

Par suite, au lieu de demander pour les mêmes moteurs, 11 kil. d'après le frein, ce fut 13 kil. de consommation de vapeur par heure et par cheval électrique.

Les machines du *Hoche*, en février 1889, et *Amiral-Duperré*, en août 1889, ont été livrées à la Marine dans ces conditions, avec des pressions de 4 kil. à la boîte à tiroir du cylindre admetteur.

La maison Sautter a fait un saut énorme, car pour le *Neptune*, en octobre 1889, elle a promis 11 kil. mesuré par cheval électrique, avec 6 kil. de pression à la boîte à tiroir.

La même maison a fait le *Duroust* et le *Suchet*, avec 10 kil. au frein et 7 kil. à la boîte à tiroir.

Les machines du *Hoche* étant les premières dans lesquelles la consommation d'eau est rapportée à la puissance électrique, aux bornes de la dynamo, M. Terré a repris ses expériences sur le calcul des rendements et il en rend compte dans une note. (*Voir le Mémorial du Génie maritime*, 1re *livraison de l'année* 1890).

Voici comment on opère :

Dans une première expérience, le nombre de tours restant constant, mais la résistance extérieure étant variable de façon à réaliser une série de valeurs pour le travail électrique aux bornes, on mesure pour chacune de ces valeurs du travail électrique aux bornes (F_2), la puissance correspondante sur les pistons (F), puis on enlève la dynamo et on la remplace par le frein, et on fait la deuxième expérience dans les mêmes conditions que la première, au point de vue du nombre de tours, et on détermine au même instant la puissance sur l'arbre, au frein (F_1), et la puissance sur les pistons (F), pour une série de valeurs de cette dernière correspondant autant que possible à celles relevées à la première expérience. Évidemment, ces deux expériences doivent être faites avec même pression à la boîte à tiroir du cylindre admetteur. Ces expériences faites, on trace deux courbes ayant toutes deux pour abscisses les puissances sur les pistons (F) et, pour ordonnées, l'une les puissances sur l'arbre (F₁) et l'autre les puissances électriques (F₂).

De cette façon on peut obtenir :

1° Le rendement total de l'ensemble qui est égal au rapport $\left(\dfrac{F_2}{F}\right)$

2° Le rendement du moteur   —   — $\left(\dfrac{F_1}{F}\right)$

3° Le rendement de la dynamo   —   — $\left(\dfrac{F_2}{F_1}\right)$

et construire les courbes de ces valeurs.

Les résultats corrigés des expériences faites sur les dynamos du *Hoche*, à l'allure de 350 tours, avec échappement au condensateur, c'est-à-dire dans les mêmes conditions que celles faites sur les dynamos du *Requin* et du *Caïman*, en 1888, sont données dans le tableau ci-dessous :

Pression à la boîte à tiroir du cylindre admetteur	Travail relevé sur les pistons F	Travail relevé sur l'arbre F_1	Travail électrique relevé aux bornes F_2	Rendement du moteur $\dfrac{F_1}{F}$	Rendement total de l'ensemble $\dfrac{F_2}{F}$	Rendement de la dynamo $\dfrac{\frac{F_2}{F_1}}{\frac{F_2}{F}} = \dfrac{F_2}{F_1}$
1ᵏ2	10chx	7chx	5chx	0,700	0,500	0,712
2ᵏ	15	12	9,3	0,800	0,620	0,775
3ᵏ	20	17	13,6	0,850	0,680	0,800
3ᵏ8	25	22	17,8	0,880	0,712	0,809

Ce tableau montre que les résultats obtenus sur les dynamos du *Hoche* sont exactement les mêmes que ceux obtenus sur celles du *Caïman* et du *Requin*.

Le RENDEMENT INDUSTRIEL de la dynamo est égal à :

$$\frac{\text{L'énergie développée dans le circuit extérieur}}{\text{travail développé sur l'arbre de la dynamo.}}$$

Dans les essais de consommation on le mesure par le rapport $\left(\dfrac{C_1}{C_2}\right)$. C_1 étant la consommation de vapeur par heure et par cheval relevée au frein et C_2 étant celle par heure et par cheval relevée aux bornes de la dynamo.

Le RENDEMENT ÉLECTRIQUE est égal à :

$$\frac{\text{L'énergie développée dans le circuit extérieur}}{\text{énergie développée dans (le circuit extérieur + l'induit + le fil fin + le fil gros)}}$$

Soit L ce rendement, $R = \frac{E}{I}$ ou résistance du circuit extérieur, r = résistance de l'induit, ρ = résistance du fil gros des électros et ρ' = résistance du fil fin des électros, on a le rendement électrique :

$$L = \frac{R}{r \left(\frac{R+\rho+\rho'}{\rho'}\right)^2 + (R+\rho)\left(\frac{R+\rho+\rho'}{\rho'}\right)}$$

lorsque la dérivation du fil fin est prise sur les balais, c'est-à-dire lorsque les fils gros des électros se trouvent entre la dérivation et les balais.

Si la dérivation est prise sur les bornes, c'est-à-dire si le gros fils se trouve entre les balais et la dérivation, on a :

$$L_1 = \frac{R}{(r+R)\left(\frac{R+\rho'}{\rho'}\right)^2 + R\left(\frac{R+\rho'}{\rho'}\right)}$$

Lorsque la machine est montée en série, ρ' disparaît de la formule, car il n'y a plus de fil fin et l'on a :

$$L_2 = \frac{R}{R+r+\rho}$$

Enfin, pour avoir l'expression du rendement d'une machine en dérivation, il suffit de faire, dans les expressions L ou L_1, $\rho = 0$ et on obtient :

$$L_3 = \frac{R}{r\left(\frac{R+\rho'}{\rho'}\right)^2 + R\left(\frac{R+\rho'}{\rho'}\right)}$$

Le tableau suivant donne les résultats moyens des principaux essais faits avec la dynamo et le frein, pendant l'année 1889. Il y a à remarquer les résistances r, ρ et ρ' qui varient suivant les types des dynamos et leurs constructeurs.

Ce tableau représente la deuxième période des essais, c'est-à-dire établissant les relations de la dynamo et du moteur.

	Cosmao		Davout		Coëtlogon		Appareils pour divers bâtiments Maison Sautter				Dévastation		Suchet	
Nom du constructeur	Mon Sautter		Mon Sautter		Mon Bréguet						Mon Sautter		Mon Sautter	
Type du moteur	Vertical à bielles renversées		Vert. compound à bielles directes		Vertical compound		Vertical à un cylindre				Vert. compound		Horizontal Woolf	
Diamètres des cylin- d	0,205		0,205		0,200		0,200				0,205		0,170	
dres et courses D	0,310		0,310		0,310		»				0,310		0,250	
des pistons C	0,170		0,170		0,150		0,170				0,170		0,170	
Type de la dynamo	Gramme triplex		Gramme simplex		multip. intensive Desroziers		Gramme duplex				Gramme simplex		Gramme simplex	
Force électromotrice	70 volts		70 volts		70 volts		70 volts				70 volts		70 volts	
Intensité du courant	150 ampères		200 ampères		175 ampères		100 ampères				200 ampères		200 ampères	
							Essais à air libre		Essais avec condensation					
Date de l'essai	mars 1889		mars-avril 1889		mars-avril 1889		juin 1889	fév. 1889	juil.1889	av. 1889	juin 1889		février 1890	
Durée de l'essai	6 h.	3 h.	6 h.	3 h.	6 h.	4 h.	6 h.	6 h.	6 h.	6 h.	6 h.	3 h.	4 h.	5 h.
Introduction au petit cylindre. Pression à la boîte à tiroir	0,27	0,27	0,32	0,32	0,40	0,40	0,65	0,65	0,65	0,65	0,34	0,34	0,35	0,30
du petit cylindre	5k	5k	5k	5k	3k	3k	2k5	2k54	1k75	1k75	3k5	3k5	5k75	5k75
Nombre de tours par minute	350	350	350	350	350	350	350	351	350	350	350	350	350,4	350
Puissance au frein en chevaux indiqués (FI)	20chx	»	30chx	»	20chx	»	12,45	«	14,2	»	23,5	»	23,5	»
Nombre de volts (E)	»	70	»	70,3	»	70	»	70,4	»	69,75	»	66	»	68
Nombre d'ampères (I)	»	161,5	»	209,9	»	176,7	»	100	»	101	»	201	»	210
Puissance correspondante en chevaux électriques (F2)	»	15chx65	»	25chx76	»	16chx78	»	9chx57	»	9chx85	»	18chx03	»	19chx4
Résistance du circuit extérieur ($\frac{E}{I}$)	»	0,425	»	0,200	»	0,396	»	0,701	»	0,680	»	0,328	»	0,323
Résistance de l'induit (r)	»	0,021	»	0,012	»	0,050	»	0,037	»	0,037	»	0,018	»	0,018
Résistance du fil gros (p)	»	0,017	»	0,020	»	0,0052	»	0,029	»	0,029	»	0,025	»	0,025
Résistance du fil fin (p')	»	5,63	»	9,50	»	6,22	»	7,10	»	7,10	»	9,05	»	9,05
Rendement électrique (L)	»	0,852	»	0,863	»	0,813	»	0,820	»	0,820	»	0,885	»	0,847
Consommation au frein (C1)	10k45	»	9k62	»	10k35	»	21k6		18k3	»	9k88	»	9k6	»
d'eau par heure à la dynamo et par cheval (C2)	»	13k20	»	10k93	»	12k12	»	27k2	»	23k45	»	12k03	»	11k8
Rendement industriel ($\frac{C1}{C2}$)	0,791	»	0,880	»	0,853	»	0,791	»	0,780	»	0,821	»	0,810	»
Vide au condenseur en cent. de mercure	64c/m	61c/m	62c/m	62c/m	65c/m	65c/m	à air libre		64c/m	65c/m	62c/m	64c/m	63c/m	62c/m

Comme le démontre ce tableau, les machines du *Davoust* (verticale), et du *Suchet* (Woolf), n'ont consommé : la première, que 9 kil. 62 par cheval au frein, avec 5 kil. à la boîte à tiroir. Elles étaient faites pour 10 kil., avec 7 kil. de pression à la boîte à tiroir.

Les résultats sont donc très satisfaisants.

Enfin, la troisième période des essais, qui est celle actuelle et qui consiste à calculer la consommation d'eau par cheval électrique, est donnée dans le tableau ci-contre :

Nom du bâtiment	Hoche	Amiral Duperré	Intrépide	Intrépide	Neptune
Nom du constructeur des machines électriques	M⁰ Bréguet	M⁰ Bréguet	M⁰ Bréguet	M⁰ Sautter	M⁰ Sautter
Type du moteur.	Vertical Compound	Vertical Compound	Vertical Compound	Vertical Compound	Vertical Compound
Diamètres des cylindres et courses des pistons. d	0,198	0,198	0,205	0,170	0,170
D	0,316	0,316	0,315	0,250	0,250
C	0,150	0,150	0,160	0,170	0,170
Type de la dynamo.	mult. intensive Desroziers	mult. intensive Desroziers	mult. intensive Desroziers	Gramme simplex	Gramme simplex
Force électro-motrice	70 volts	70 volts	70 volts	70 volts	70 volts
Intensité du courant	200 ampères	200 ampères	200 ampères	200 ampères	200 ampères
Date de l'essai	août 1889	avril 1890	juin 1890	juillet 1890	octobre 1890
Durée de l'essai	6 h.	5 h.	6 h.	6 h.	6 h.
Introduction au petit cylindre	0,38	0,40	0,30	0,26	0,26
Pression à la boîte à tiroir du petit cylindre.	3k75	4k	4k75	5k86	6k
Nombre de tours par minute	350ᶜ	354ᶜ	350ᶜ	350ᶜ	350ᶜ
Nombre de volts (E)	70	69	70,3	72,2	73
Nombre d'ampères (I)	200	202	201,5	202	198
Puissance électrique en chevaux indiqués.	18ch×95	18ch×93	19ch×25	19ch×70	19ch×70
Résistance du circuit extérieur $\left(\frac{E}{I}\right)$	0,348	0,341	0,348	0,352	0,363
Résistance de l'induit (r)	0,04	0,040	0,050	0,024	0,024
Résistance du fil gros (ρ)	0,0034	0,0034	0,0034	0,013	0,009
Résistance du fil fin (ρ')	5,35	5,35	4,102	11,53	17,00
Rendement électrique (L)	0,825	0,822	0,790	0,875	0,896
Consommation d'eau par cheval électrique.	12k75	12k28	12k28	11k00	10k03
Vide au condenseur en cent. de mercure..	61c/m	62c/m	65c/m4	62c/m5	63c/m

Ces chiffres montrent que tous les essais faits avec la dynamo, d'après les nouvelles conditions des marchés, ont été très satisfaisants à tous les points de vue.

LUMIÈRE ÉLECTRIQUE. — Les foyers lumineux employés sont de deux sortes :

1° Les *lampes à incandescence*;

2° Les *lampes à arc voltaïque*.

Dans les lampes à incandescence, la lumière est produite par l'incandescence d'un filament de charbon dans lequel passe un courant électrique. Ce filament, dont la résistance doit être assez élevée, a une section très faible, et doit être protégé par une ampoule de verre dans laquelle on fait le vide.

La (fig. 13) représente une lampe Edison actuelle. Le conducteur porté à l'incandescence est constitué par un filament très mince (*sect. rectangulaire de 0 m/m 3 sur 0 m/m 1, sur une longueur de 125 m/m*) de bambou du Japon, carbonisé et replié en forme d'U. Le filament présente, à ses extrémités, deux petits renflements sur lesquels on fait la jonction avec des fils de platine qui doivent lui amener le courant; ces fils sont contenus dans un petit tube fermé, au fond duquel ils sont scellés. Ce tube est introduit dans une ampoule de verre avec laquelle il est soudé et qui sert d'enveloppe à la lampe. On fait le vide dans cette ampoule, laquelle est ensuite latée avec du plâtre, dans un manchon en laiton qui constitue le support.

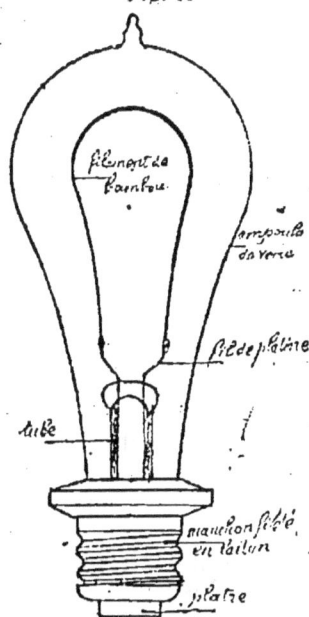

Fig. 13

L'un des fils de platine aboutissant au filament est relié à ce manchon de laiton et l'autre est relié à un disque de laiton encastré dans la partie inférieure du bouchon de plâtre. Le manchon de laiton est fileté pour permettre de visser la lampe sur son support.

Ces foyers à incandescence s'adaptent à l'éclairage des compartiments intérieurs des navires, aux feux de navigation et aux signaux.

Dans les lampes à arc voltaïque, la lumière est produite par deux charbons placés dans le prolongement l'un de l'autre et ayant leurs pointes se faisant face.

Ces charbons sont en communication avec les deux pôles d'une source électrique.

Lorsque les deux pointes sont en contact et qu'on fait passer le courant, il n'y a pas production d'arc voltaïque. On constate que les pointes s'échauffent et rougissent.

Si on les écarte très légèrement, on voit apparaître une flamme jaunâtre, peu brillante et sujette à des variations et des oscillations très rapides; cette flamme fait entendre un sifflement plus ou moins accentué; *on a alors l'arc sifflant*. Si on écarte un peu plus les pointes de charbon, les flammes deviennent moins longues et moins agitées; elles finissent par disparaître à peu près complètement. On a alors ce qu'on appelle *l'arc fixe*, qui est stable et donne une lumière blanche très brillante, le sifflement disparaît et l'on n'aperçoit de temps à autre que quelques petites flammes blanches ou bleuâtres, courtes et peu intenses. Si on augmente progressivement l'écartement des charbons, l'intensité diminue, les flammes jaunes reparaissent de plus en plus longues et finissent par envelopper complètement les pointes de charbon et l'on a *l'arc flambant*. Enfin, en continuant l'écartement, le courant finit par ne plus passer et l'arc s'éteint complètement.

Il existe donc un écartement normal des pointes où la lumière est fixe et nette, et cet écartement s'appelle *longueur de l'arc normal*. Cette longueur est de 4 à 6 $^{m/m}$ dans les projecteurs de la Marine.

L'expérience a prouvé que, pour obtenir l'arc voltaïque, il ne fallait pas que la différence de potentiel entre les pointes de charbon ne soit inférieure à 38 volts.

Pratiquement, la différence de potentiel ne dépasse pas 60 volts. Les courants employés ont des intensités variant entre 4 et 100 ampères, par suite l'intensité lumineuse obtenue augmente assez rapidement avec l'intensité du courant qui produit l'arc.

Les charbons primitifs étaient des charbons de bois, lesquels avaient l'inconvénient de s'user très vite. Ensuite on a employé le charbon de cornue, résidu de la distillation de la houille dans la fabrication du gaz d'éclairage; ce charbon est plus compact et meilleur conducteur, mais sa composition n'est pas uniforme et produit des variations dans l'intensité lumineuse. Actuellement on emploie des *baguettes ou crayons* obtenus en comprimant une pâte formée de coke pulvérisé, agglomérée à l'aide de goudron de gaz. La pâte ainsi formée est passée à la filière et les crayons sont recuits au rouge cerise, puis séchés lentement dans une étuve.

L'usure des charbons augmente continuellement la longueur de l'arc normal et cette longueur devant être invariable pour avoir une lumière nette et fixe, on emploie, pour remédier à cet inconvénient, un appareil appelé *régulateur*. Il en a été imaginé un très grand nombre, de différents systèmes, pour obtenir le résultat cherché.

Les seuls qui aient été consacrés dans la pratique sont basés sur l'emploi d'électro-aimants excités, soit par le courant qui alimente l'arc, soit par une dérivation de ce courant, de telle sorte que ce soient les variations qui se produisent dans la résistance de l'arc qui déterminent le mouvement régulateur.

UNITÉ DE LUMIÈRE. — En France, l'unité de lumière adoptée au congrès de 1881 est la quantité de lumière fournie par une lampe Carcel, consommant 42 grammes d'huile de colza par heure, avec une hauteur de flamme de 40 $^{m/m}$.

En Angleterre, l'unité de lumière est le *candle*, qui est une bougie de spermacité de 22 $^{m/m^2}$ de diamètre, brûlant 7 gr. 776 par heure.

En Allemagne, l'unité est une bougie de paraffine de 20 $^{m/m}$ de diamètre, brûlant avec une flamme de 50 $^{m/m}$ de hauteur.

En France on emploie aussi la bougie stéarique de l'Etoile, de 6 au paquet, consommant 10 grammes de stéarine à l'heure, avec 52 $^{m/m}$ 5 de hauteur de flamme.

Par suite :

1 bec Carcel = 7,6 bougies = 8,3 candles = 7,5 bougies allemandes.

1 bougie = 0,132 becs Carcel = 1,092 candle = 0,087 bougie allemande.

Le congrès de 1889 a adopté le *Violle* comme unité de lumière. C'est une surface de 1 $^{c/m^2}$ de platine en fusion. L'unité pratique est la *bougie décimale* qui est égale au 1/20 du Violle ou environ au 1/10 de la Carcel.

16 *Février* 1891.

FERDINAND BOSSY.

FABRICATION DE RACCORDS DIVERS

à l'Usine de MM. Mignon, Rouart et Delinières

à MONTLUÇON (Allier).

RACCORD A T. — Pour obtenir un raccord à T, on découpe dans de la tôle de l'épaisseur voulue un morceau ayant la forme de la (fig. 1).

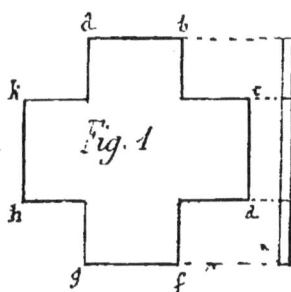

Les côtés *a b* et *c d* étant égaux au développement de la circonférence intérieure du raccord que l'on veut obtenir, et les côtés *f g* et *k h* étant égaux à ce demi-développement, puis on fait à chaud une amorce sur tous les côtés des angles rentrants du morceau de tôle. On enroule ensuite en demi-cercle cha-

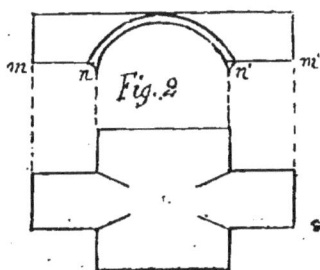

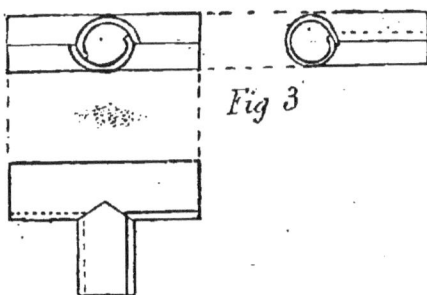

cune des quatre branches du morceau de tôle. A cet effet, on chauffe une branche et on la place sur l'évidement *c* d'une enclume représentée (fig. 4), et avec la panne d'un marteau à main, on lui donne une courbure demi-cylindrique, et l'on fait de même pour les trois autres branches. Le morceau de tôle a par la suite pris la forme de la (fig. 2). On termine ensuite l'enroulement des branches sur le mandrin *m*, jusqu'à ce que les amorces soient venues se croiser : ainsi l'arête *m n* viendra recouvrir l'arête *m' n'*. La pièce a alors la forme de la (fig. 3), et est prête à souder.

Il ne reste qu'à chauffer au blanc, soudant chacune des arêtes amorcées, et de les souder sur le mandrin M de l'enclume. *(Pour le croquis de l'enclume voir l'autre page.)* On passe ensuite, le raccord à chaud, dans une étampe qui lui donne une forme bien régulière.

RACCORD A 4 BRANCHES. — On découpe 2 morceaux de tôle ayant la forme de la (fig. 1). Les 4 côtés *a b, c d, d f* et *k h*, étant tous égaux au demi-développement de la circonférence intérieure du raccord à obtenir.

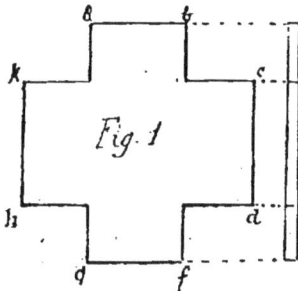

Fig. 1

On fait des amorces sur les côtés des angles rentrants des deux morceaux de tôle, et on enroule encore chaque branche de la même manière que pour le raccord à T. L'on obtient ainsi deux pièces semblables à la (fig. 2). Ces deux pièces étant ainsi préparées, on les assemble alors en faisant croiser les amorces comme l'indique la (fig. 3),

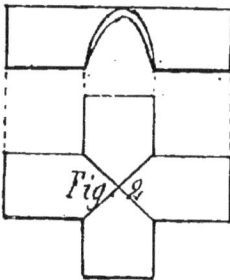

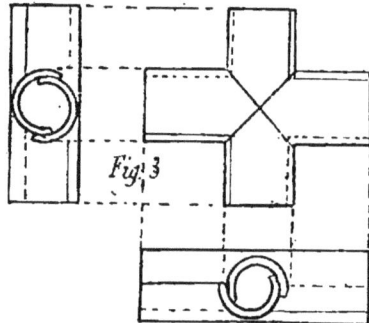

Fig. 2

Fig. 3

puis on fait les soudures et on passe le raccord dans une étampe, comme pour le raccord à T, précédemment décrit.

RACCORD A ÉQUERRE. — On découpe un morceau de tôle ayant la forme (fig. 1). Le côté *f d* étant égal au développement

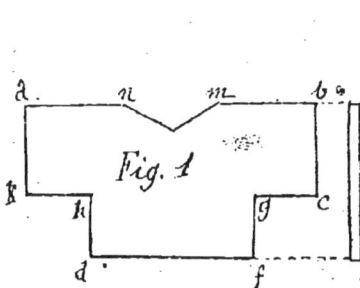

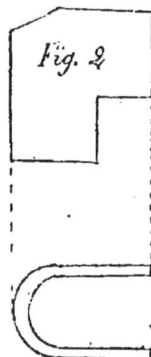

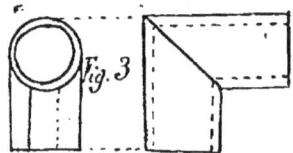

Fig. 1

Fig. 2

Fig. 3

de la circonférence intérieure du raccord à obtenir, et le côté
c b étant égal à ce demi-développement : puis on amorce les
côtés des angles rentrants, ainsi que le côté *a b* ; ensuite sur un
évidement de l'enclume on lui donne la forme (fig. 2), et sur
un mandrin on l'enroule de façon à faire recouvrir l'arête *g f*
par *h d*, de même que *k h* par *g c* et *b m* par *a n*. Cette opération
étant faite, l'on se trouve être en possession d'une ébauche
ayant la forme de la (fig. 3).

Il ne reste plus qu'à faire les soudures et mettre le raccord
dans une étampe comme pour les raccords à T et à quatre
branches décrits précédemment.

AUGUSTE LE CHATON.

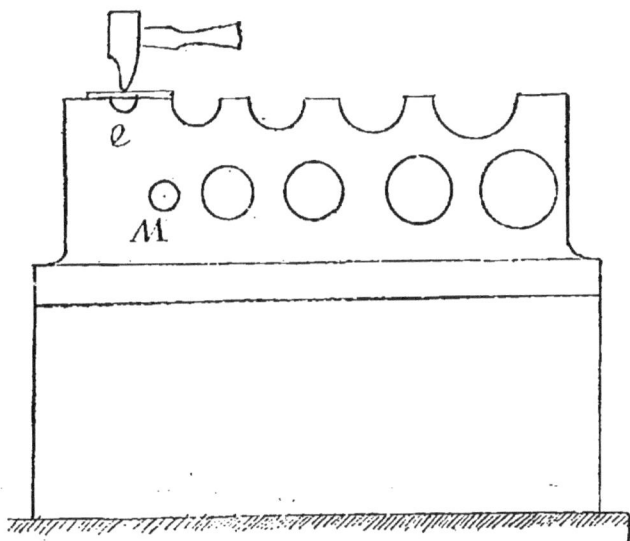

Fig. 4

Croquis de l'Enclume

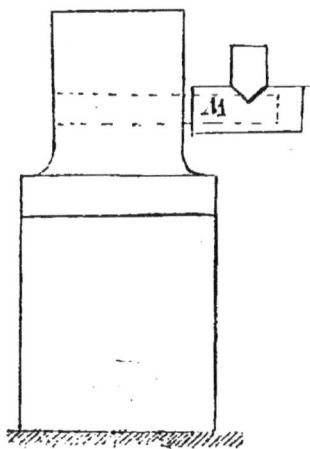

L'ALUMINIUM & SON AVENIR

EXTRAIT DU JOURNAL *Le Travail*

L'aluminium est un métal dont la découverte est relativement récente. C'est en 1827, que Wohler parvint à préparer quelques grammes de ce métal. Il reprit ses travaux sur ce point vers 1845, et, dans un mémoire qu'il publiait à cette époque, il étudiait le nouveau corps simple avec un soin scrupuleux, analysant ses propriétés physiques et chimiques, avec une précision d'autant plus remarquable, qu'il avait dû, pour atteindre ce résultat, opérer sur des quantités infinitésimales. Il était réservé à un chimiste français, M. Henry de Sainte-Claire Deville, de poursuivre ces études et de donner, après de nombreux tâtonnements, la recette d'un procédé pratique, qui pût permettre d'extraire en grand l'aluminium de son chlorure.

Dans un article sur les progrès et inventions, M. J.-O. Tournier donne les très intéressants détails suivants sur les propriétés, le traitement et les applications industrielles de l'aluminium :

Qu'il nous suffise de rappeler, dit notre savant confrère, que ce métal est, à l'état pur, d'un blanc d'argent qui ne prend une légère teinte bleuâtre que lorsqu'il contient de petites quantités de silicium (ce qui arrive presque constamment); sa qualité caractéristique est la légèreté, il faut y joindre aussi le grand privilège d'être, à l'inverse de beaucoup d'autres métaux, inattaquable par les acides organiques ou inorganiques, de telle sorte que l'hydrogène sulfuré, qui noircit si rapidement l'argent, est sans action sur l'aluminium.

Il peut même être en contact avec du salpêtre fondu, sans éprouver aucune modification, et l'eau de mer, enfin, ne l'influence pas.

Ces quelques détails indiquent de suite quels avantages spéciaux présente l'aluminium pur, pour les instruments de laboratoire, les instruments de chirurgie, les ustensiles de cuisine, etc.

Quant aux propriétés mécaniques qui découlent de sa constitution, elles ne sont pas moins grandes, car si l'aluminium coulé est peu élastique, et si sa résistance à la rupture est si faible, qu'il n'a presque pas d'emploi en mécanique, en revanche, il acquiert des qualités particulières quand il est laminé ou tréfilé et, ce qui est étrange, c'est que si on lui fait subir un recuit, on lui rend ses premiers défauts ; mais il présente une résistance à la rupture, dans l'allongement, qui devient très considérable. On peut en juger par les comparaisons suivantes :

L'aluminium fondu ne fournit que 3 0/0 d'allongement ; écroué, même chiffre ; laminé, 4,5 ; laminé et recuit, 20 0/0. Il en résulte qu'un fil d'aluminium offrirait une résistance, à la rupture par allongement, supérieure à celle du fil d'acier fondu et du cuivre. D'où il y aurait avantage précieux à l'utiliser dans la construction des lignes télégraphiques aériennes, puisque les supports pourraient être considérablement plus espacés, et dès lors beaucoup moins nombreux que pour les fils de cuivre.

Voilà quelques indications sur les divers emplois industriels de l'aluminium à l'état pur. Ils ont leur valeur, mais ce n'est encore rien, comparativement aux services multiples et économiques que l'aluminium, allié faiblement au cuivre, pourrait rendre. On désigne cet alliage sous le nom de bronze d'aluminium. Ici, l'horizon industriel s'élargit, la perspective des applications dont ce bronze est susceptible, devient sans limites.

Jusqu'à ce jour, on n'a connu le bronze d'aluminium que sous la forme d'un métal de luxe facilement exploité à cause de son prix de revient, mais servant néanmoins avec avantage à faire des bijoux, des services de table, des ornements de toute espèce, parce que, malgré sa légèreté, cet alliage constitue un métal aussi solide que l'acier et en même temps aussi brillant et presque aussi inoxydable que l'or.

On s'était désintéressé de tous autres emplois artistiques ou industriels dont il est susceptible, parce qu'on était arrêté par l'impossibilité de le mettre en lutte avec le fer, l'acier, le cuivre, etc., à cause de sa cherté : on n'avait entrevu aucune possibilité d'apporter aux procédés de production de l'aluminium, les perfectionnements nécessaires pour obtenir une réduction des prix. Et la question restait absolument stationnaire depuis bien des années, lorsqu'en ces derniers temps un savant métallurgiste chercha et découvrit un moyen de réaliser la production de l'aluminium au moyen d'un traitement par l'électricité. Le succès fut complet, et déjà plusieurs procédés dérivant du même principe ont été trouvés.

Le procédé Cowles consiste à mélanger de l'alumine avec du charbon et du cuivre. On échauffe fortement la masse par un courant électrique puissant. Le charbon décompose l'alumine et s'empare du carbone, tandis que l'aluminium est accaparé par le cuivre fondu.

Le deuxième procédé, système Heroult, est tout différent. On place dans un creuset en charbon, autour duquel on a coulé une enveloppe de fer, une certaine quantité de cuivre que l'on recouvre d'une couche d'alumine. Le courant échauffe la masse au point de fondre le cuivre et l'alumine ; celle-ci, qui forme au-dessus du cuivre une couche limpide, s'électrolyse, et, tandis que le charbon brûle au contact de l'oxygène dégagé, l'aluminium pénètre dans le cuivre.

Ces deux procédés ne donnent donc directement que des alliages, mais il résulte de certaines modifications apportées simultanément par MM. Héroult et Riliani que l'on parvient ainsi à produire de l'aluminium pur.

Les autres procédés n'ont pas encore été suffisamment expérimentés.

Il existe déjà en Suisse une puissante Société qui exploite les procédés Héroult-Riliani ; et c'est pour arriver à la constitution d'une usine de même importance qu'a été fondée la Société électro-métallurgique française. Elle a établi provisoirement deux usines dans l'Isère, à Froges et à Champs, où elle exploite les mêmes procédés Héroult-Riliani et où elle arrive à la production de l'aluminium pur, c'est-à-dire 99,5 0/0, et des bronzes soit à leur état définitif, soit très riches en aluminium et destinés à être alliés au cuivre. Ces usines, qui doivent être prochainement agrandies, livrent actuellement 150 kilos d'aluminium par jour, avec une force totale de 300 chevaux électriques.

Quand ces usines auront pris l'extension nécessaire, quand leur fonctionnement régulier et les perfectionnement certains qui suivront cette période d'inévitables tâtonnements qu'on trouve à l'origine de toute exploitation nouvelle, quand les prix de l'aluminium, déjà énormément abaissés, descendront encore davantage on arrivera à pouvoir lui donner une place merveilleuse dans l'industrie moderne.

Comme nous l'avons fait entrevoir, ce sera surtout le bronze d'aluminium, qui prendra cette grande place dans les travaux métalliques et mécaniques.

Il remplacera l'acier, dont il atteint presque la solidité, avec une sûreté plus grande contre les chocs, et en présentant plus de résistance à l'action des agents atmosphériques et aux causes ordinaires de destruction.

On le substituera donc à l'acier dans les armes de gros et de petit calibre ; sa grande dureté assurera la conservation des rayures, même dans l'emploi de projectiles à ceinture ou enveloppes de cuivre. Il aura cet avantage énorme d'offrir moins de chances d'explosions, parce qu'il se déforme beaucoup avant la rupture ; d'un autre côté, les soins à donner aux armes seront moins délicats et le métal conservera sa valeur, même lorsque les armes seront mises hors de service.

Quand toujours dans la même prévision où le prix du métal sera descendu à 5 ou 6 francs, même au-dessous, l'abondance de la matière première défiant tout accaparement, la lutte s'engagera entre l'aluminium et le cuivre, pour un grand nombre d'applications électriques, l'avantage sera pour l'aluminium.

Alors, aussi, il sera employé dans un grand nombre d'usages : pour instruments de musique, bateaux de courses, candélabres, clefs, instruments de science et de chirurgie, etc., etc.

Enfin, il deviendra d'une application générale dans la construction des pièces importantes de navires (hélices, etc.), qui viennent en contact avec l'eau de mer, soit seules, soit avec le fer, à cause de son inoxydabilité et à cause de sa résistance aux chocs.

Auguste LE CHATON.

NANTES. — IMPRIMERIE DU COMMERCE, 6, RUE ECRIBE.